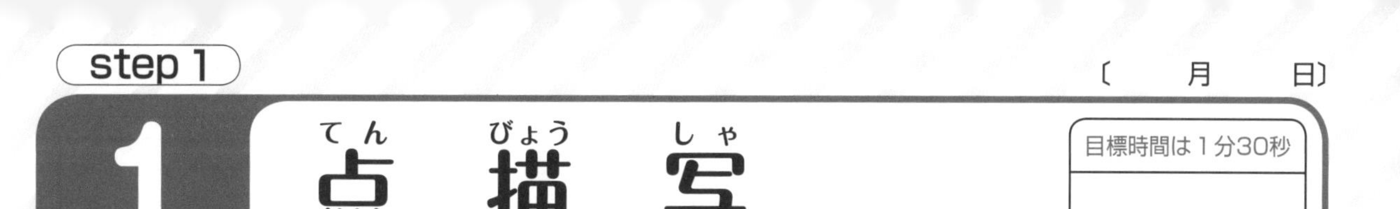

step 1

〔　　月　　日〕

1 点描写

目標時間は１分30秒

分　　秒

Q 左の図と右の図が同じになるように，点

（1）

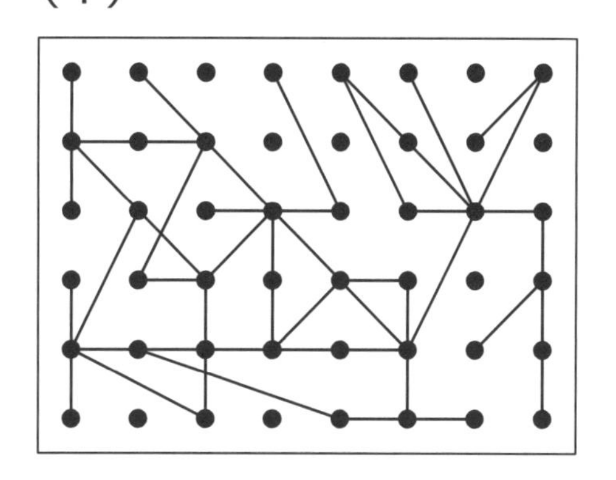

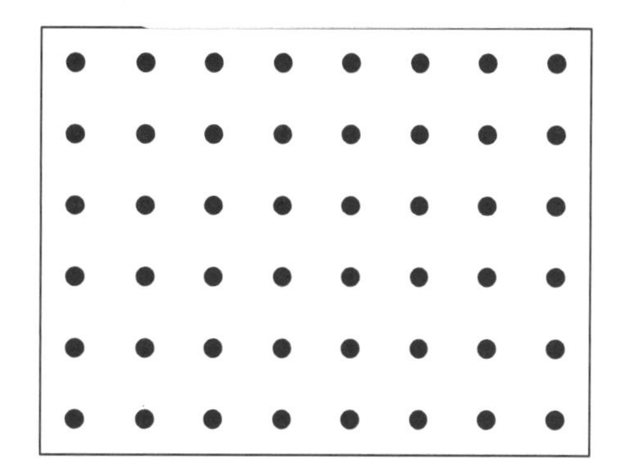

（2）

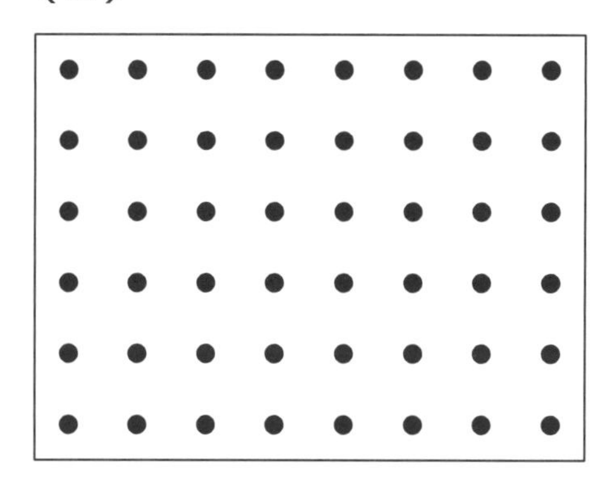

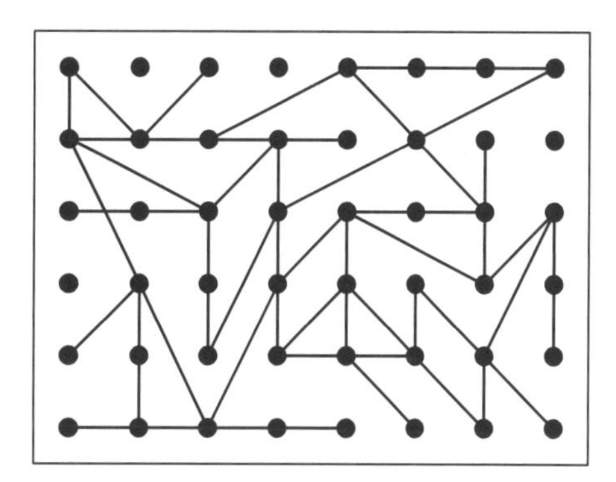

（3）

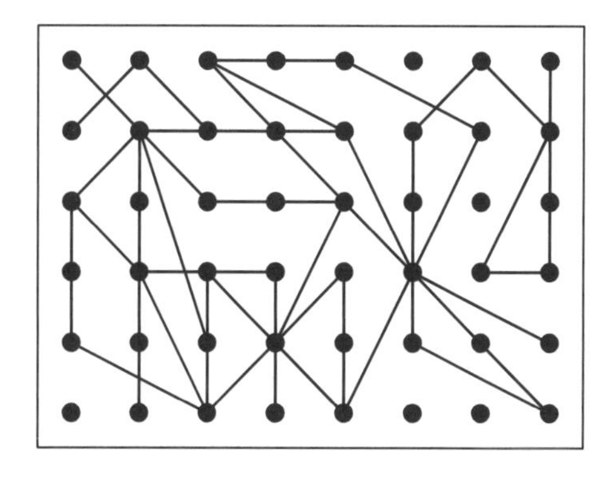

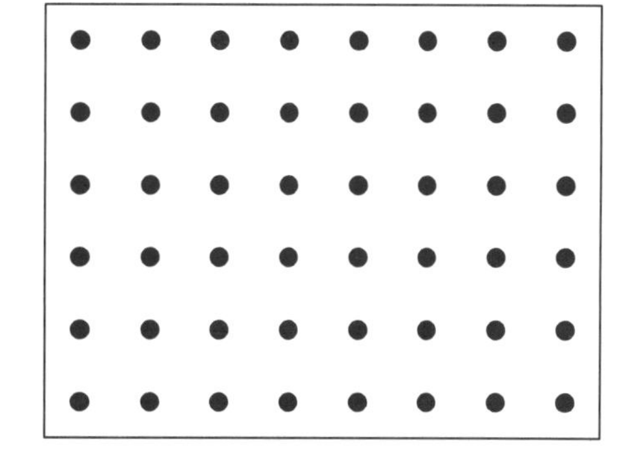

図形イメージを強化する「基盤トレーニング」です。位置や形を丁寧にかくことを意識しましょう。
線が曲がったり，はみ出したりしないように注意しながら，丁寧に，速くできるように練習しましょう。

step 1　〔　　月　　日〕

2 点描写選択

目標時間は30秒

分　　秒

Q お手本と同じ図を1～4の中から1つだけさがして，番号で答えましょう。
ただし，お手本にない場合は5と答えましょう。

（お手本）

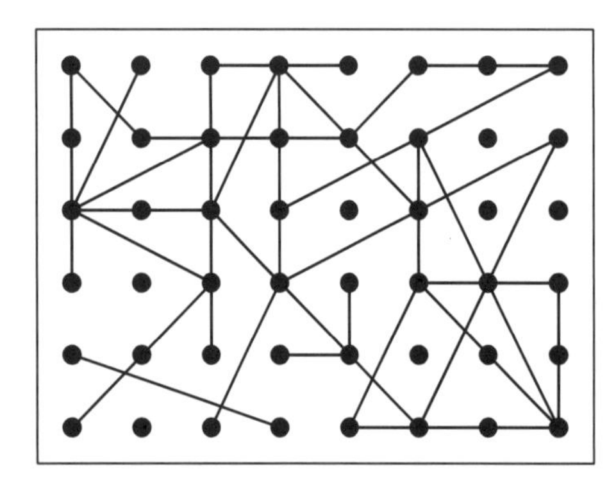

1.

2.

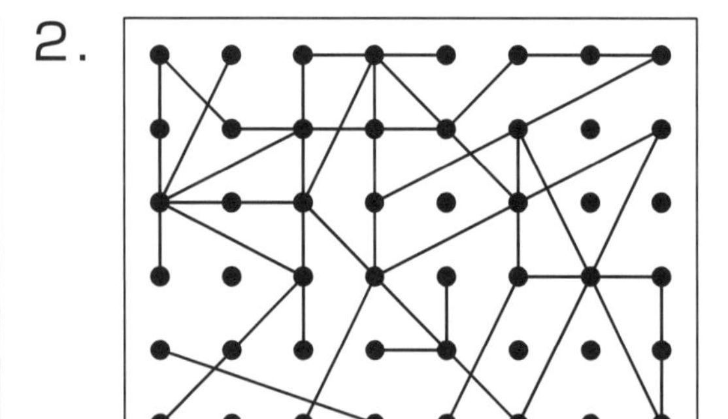

3.

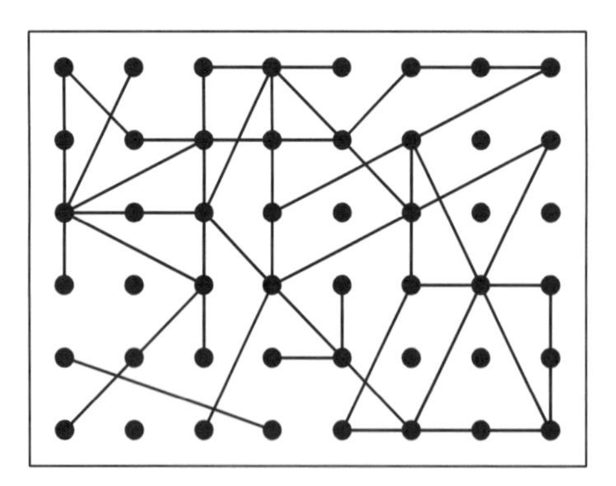

4.

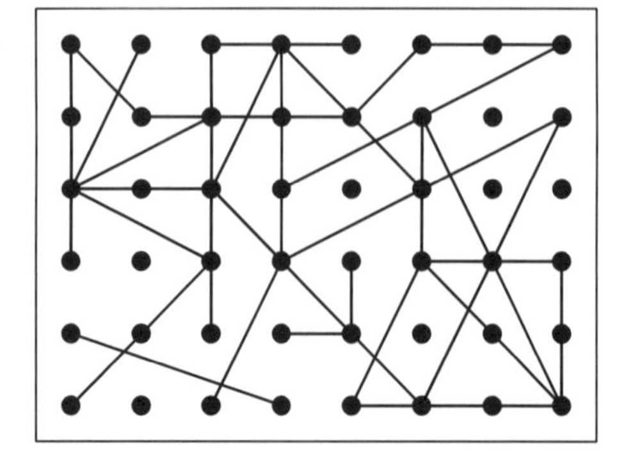

図形イメージを強化する「基盤トレーニング」です。

〔　　月　　日〕

3 回転点描写選択

目標時間は30秒

分　　秒

Q お手本を 180 度回転させた図を 1～3の中から 1つだけさがして，番号で答えましょう。

（お手本）

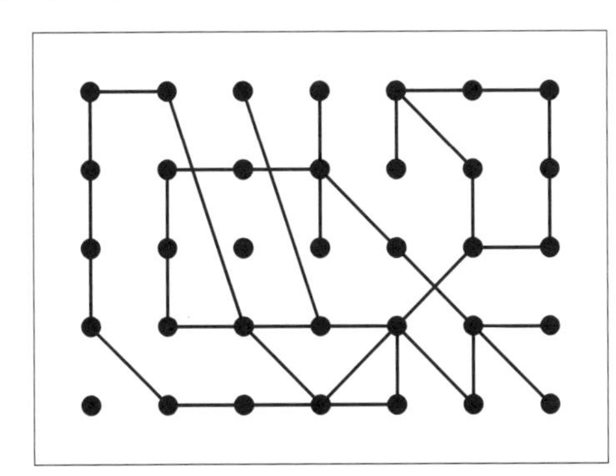

1.

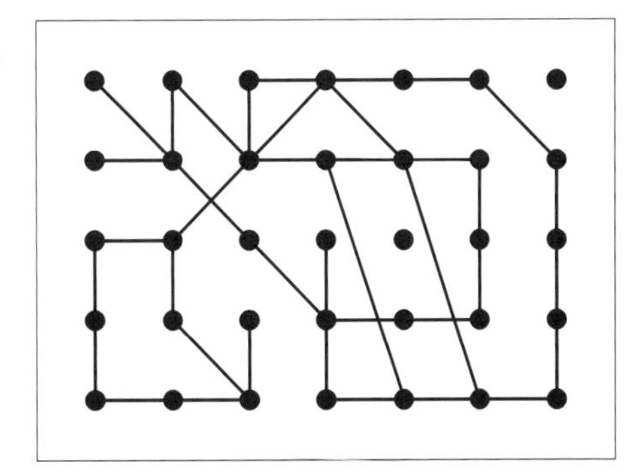

2.

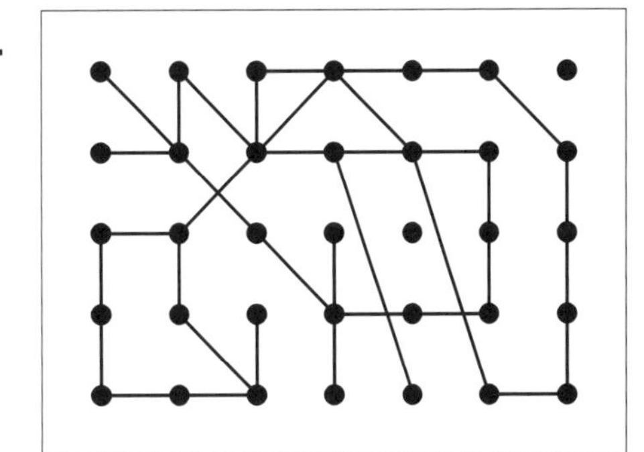

3.

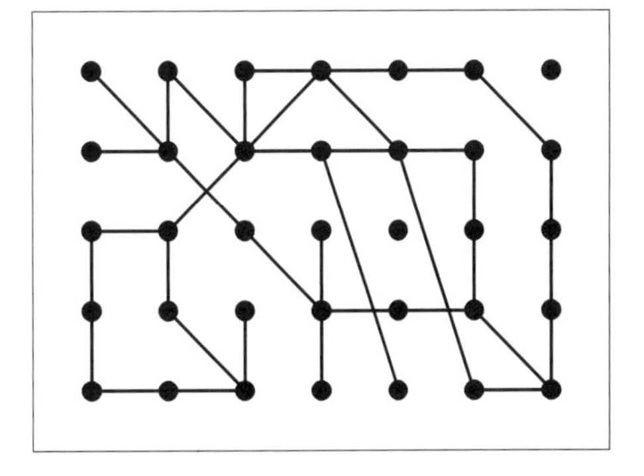

図形イメージを強化する「基盤トレーニング」です。

step 1

〔　　月　　日〕

4 紙切り

目標時間は5分

分　　秒

Q 正方形の紙を，図のように点線を折り目にして折りました。この紙から斜線の部分を切り落として，残った部分を広げると，どのような図形になりますか。答えのところに，切り落とした部分を斜線にしてかき入れなさい。

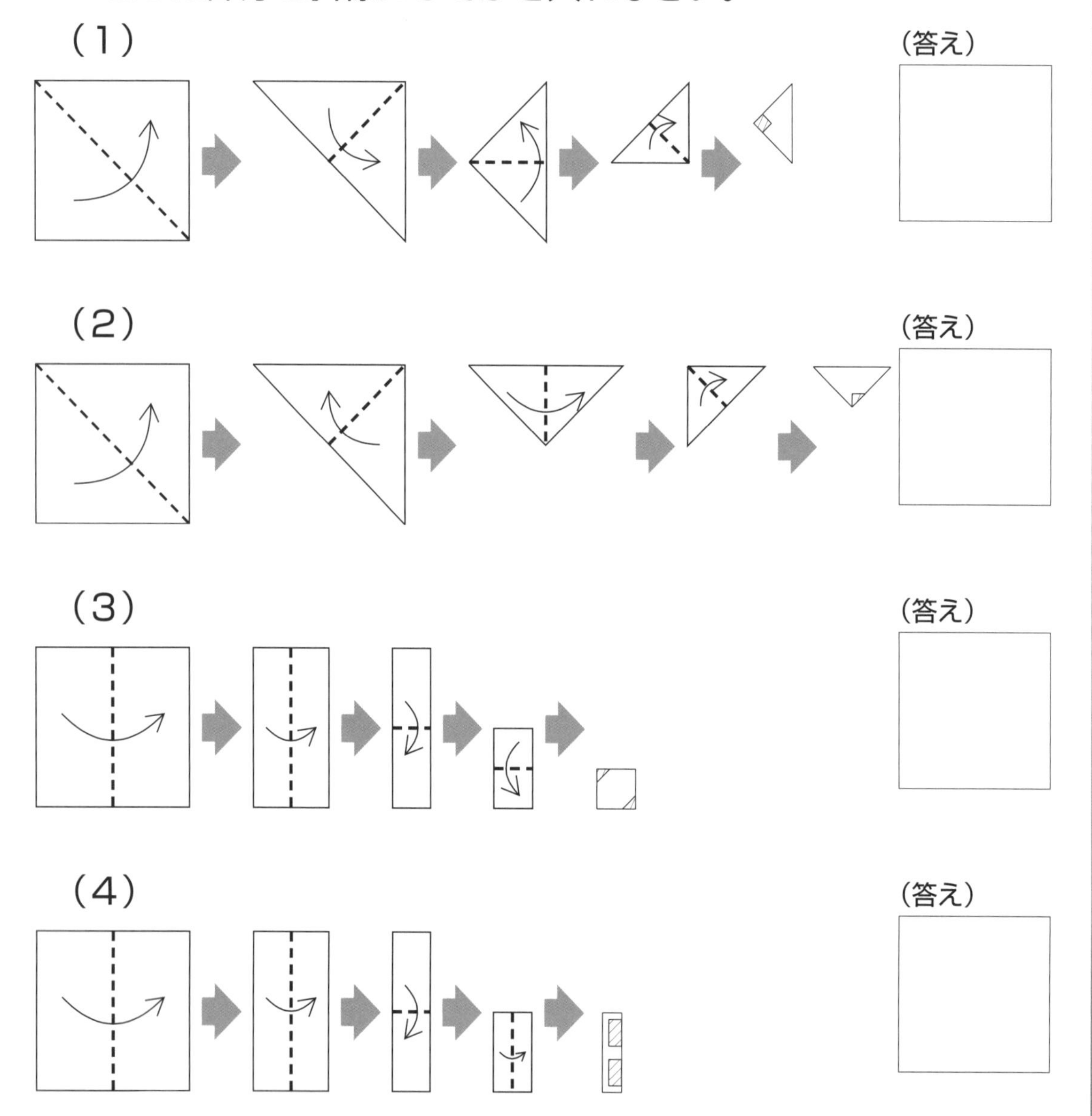

図形イメージのうち，「平面図形」に関する感覚を育成します。この分野は「対称」イメージを強化します。理解が難しい場合は折り紙などを使用し，実際にどうなるかを試しながら，実物練習とイメージ練習を相互に強化しましょう。

〔　　月　　日〕

5 回転図

目標時間は5分

分　　秒

Q 左の図を，まん中の黒点のところにはりをさして，（1）と（3）は左に 90 度，（2）と（4）は 180 度回転させた図を，右の図にかきましょう。

（1）左に 90 度回転

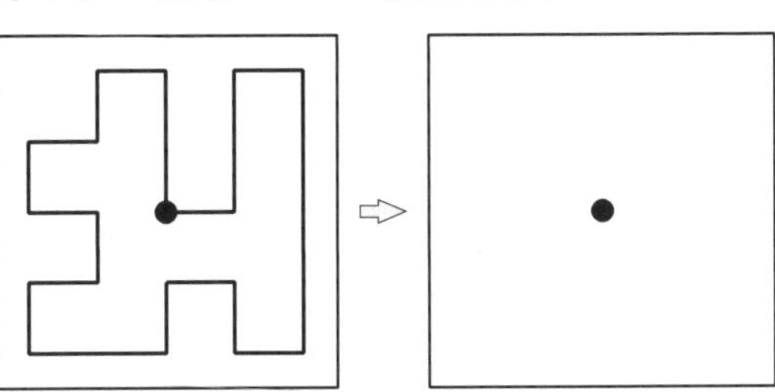

（2）180 度回転

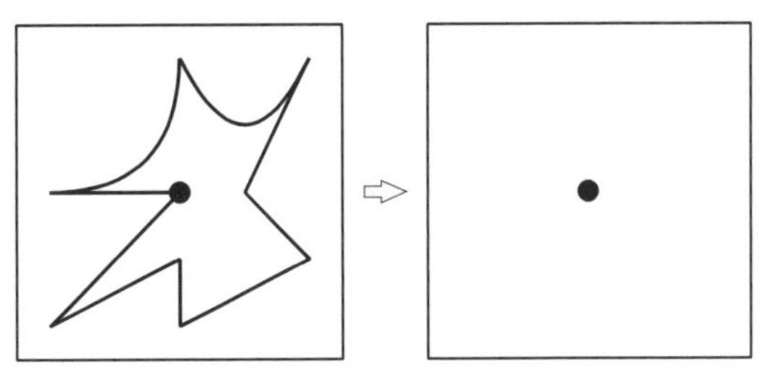

（3）左に 90 度回転

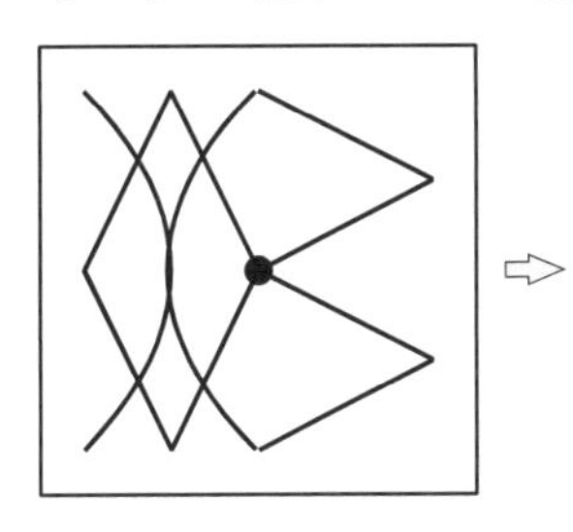

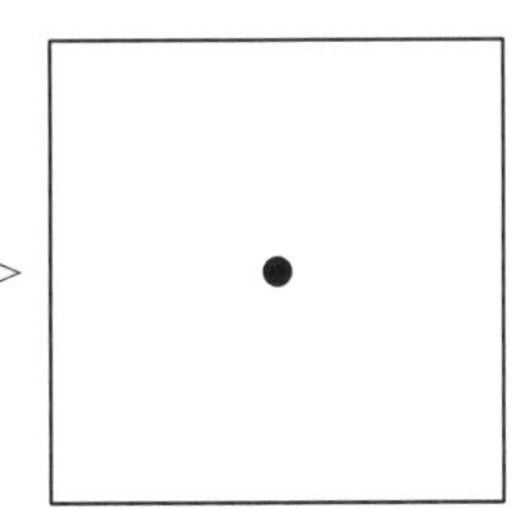

（4）180 度回転

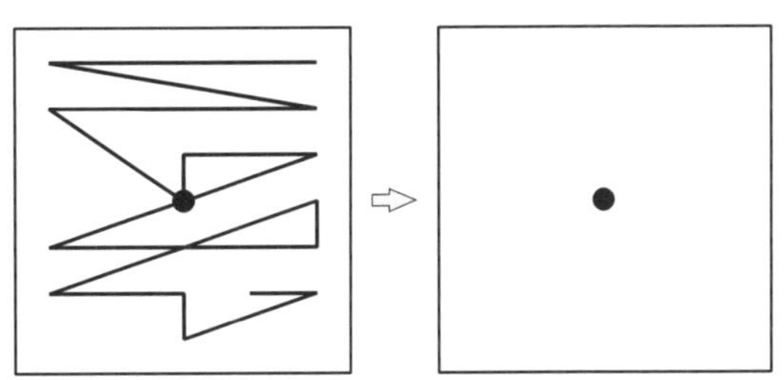

図形イメージのうち，「平面図形」に関する感覚を育成します。この分野は「回転」イメージを強化します。中心と図形の関係をとらえながら回転後のイメージ描写を練習します。難しい場合は実際に回転させて確認しましょう。

step 1

〔　　月　　日〕

6 タイル

目標時間は5分

分　　秒

Q 斜線(しゃせん)で表(あらわ)された図形(ずけい)の広(ひろ)さは，タイル何枚分(なんまいぶん)ですか。
『三角形(さんかくけい)の面積(めんせき)の公式(こうしき)』を利用(りよう)しないで求(もと)めましょう。

（1）

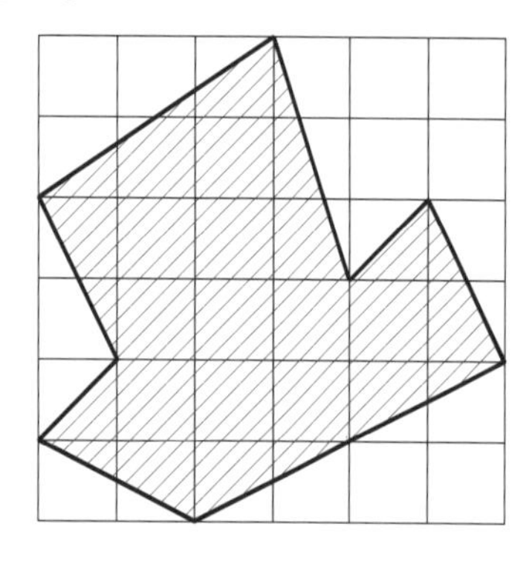

□枚分

（2）

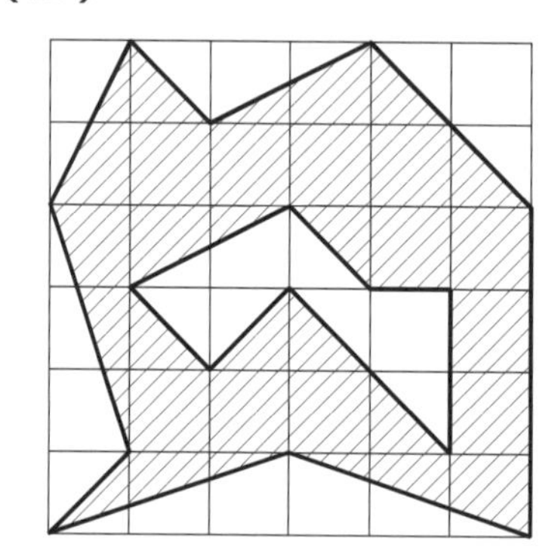

□枚分

（3）

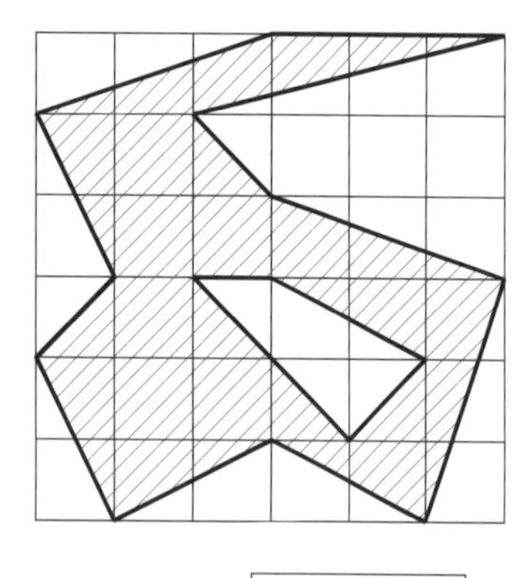

□枚分

（4）

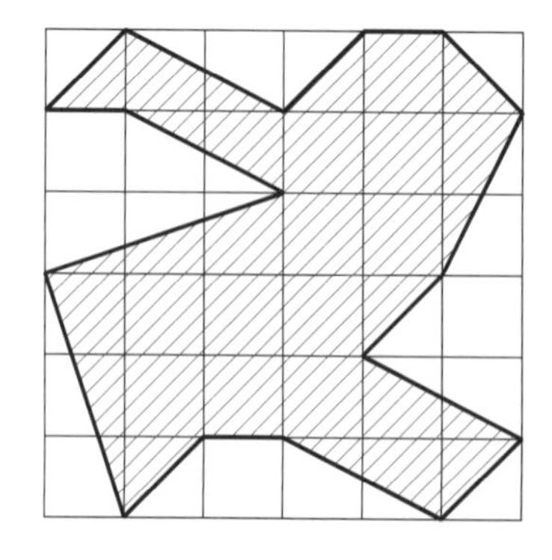

□枚分

図形イメージのうち，「平面図形」と「数量」に関する感覚を育成します。三角形が四角形の半分であることを確認しましょう。三角形と四角形の関係に気づくと，より図形の理解が深まり，図形構成がイメージしやすくなります。

7 投影図

目標時間は5分
分　　秒

Q 下の図は，立方体の積み木をきちんと重ねた立体を，正面，真上，右横から見た図です。
これについて，次の問いに答えなさい。

正面から見た図　　真上から見た図　　右横から見た図

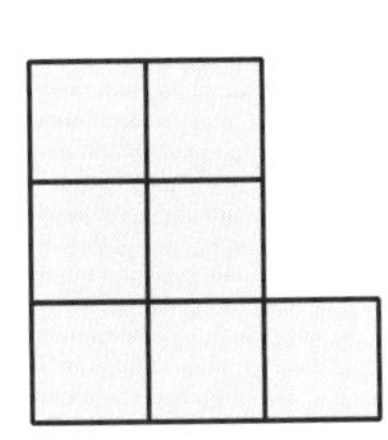

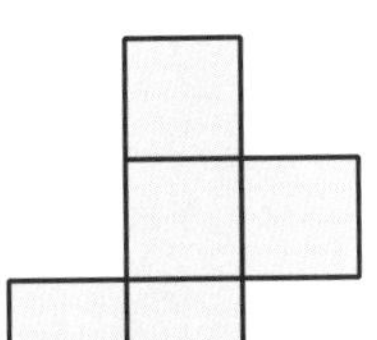

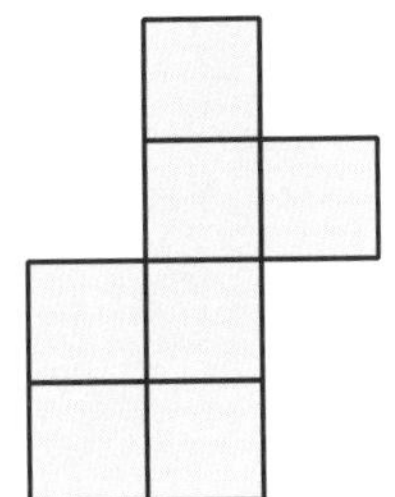

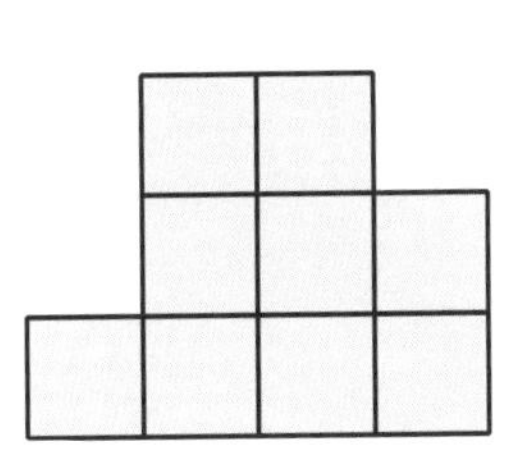

（1） 考えられる積み木の個数のうち，最も多い個数を答えなさい。

□個

（2） 考えられる積み木の個数のうち，最も少ない個数を答えなさい。

□個

図形イメージのうち，「立体図形」に関する感覚を育成します。様々な角度から図形をイメージする練習です。立体図形を指定された方向から見て，平面図形で表すトレーニングです。難しい場合は積み木などを使ってその方向から確認しましょう。

step 1

〔　月　日〕

8 積み木

目標時間は５分

分　秒

Q 積み木を３つに分けてならべます。３つの積み木の合計は何個ですか。
（複雑な形は，頭の中で数えやすい形に移動してから数えましょう。）

（1）

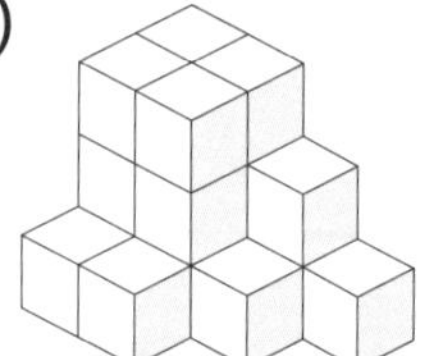
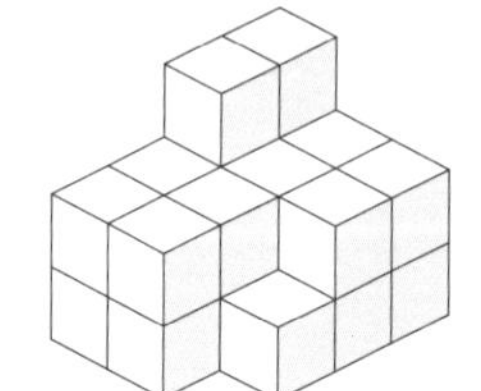
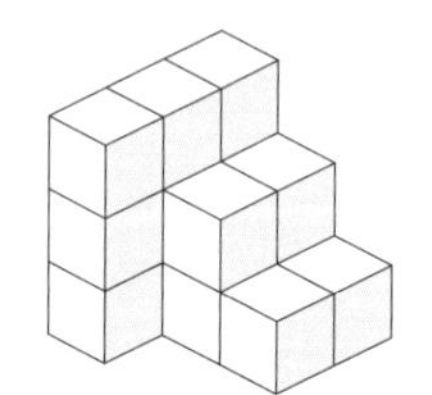

□個

（2）

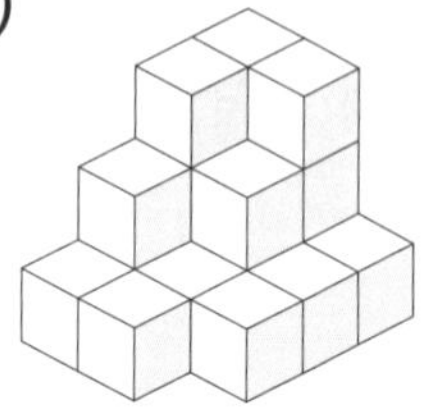
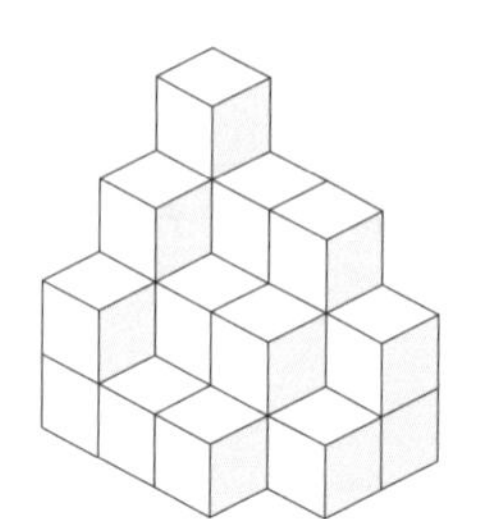
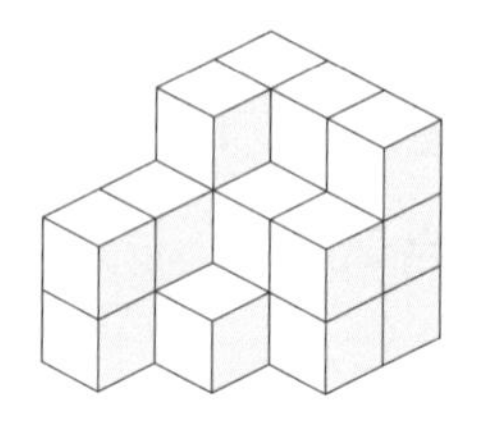

□個

（3）

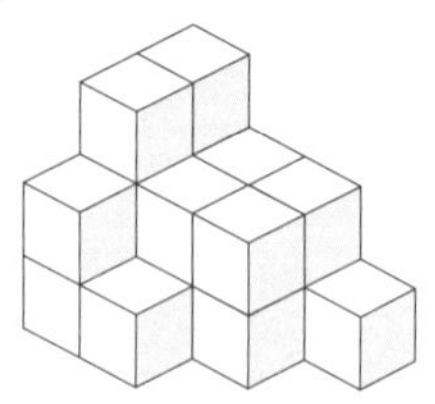
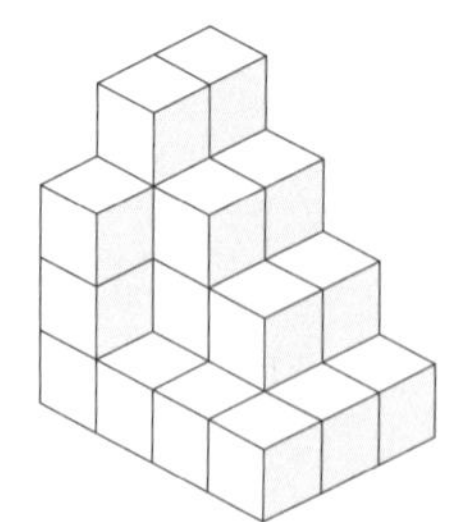
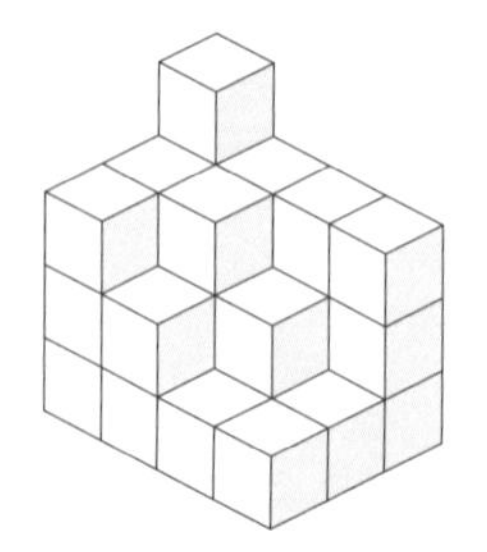

□個

図形イメージのうち，「立体図形」に関する感覚を育成します。積み木の数を数える練習です。積み木を正確に数えることは立体図形を正しくイメージできていると言えます。また，数えやすい形などに工夫をすると一層強化されます。

step 1　　　　　　　　〔　　月　　日〕

9 展開図（てんかいず）

目標時間は５分

分　　秒

Q 右(みぎ)の図(ず)のような立体(りったい)の展開図(てんかいず)として正(ただ)しいものはどれですか。ただし，太線(ふとせん)は切(き)り込(こ)みを，点線(てんせん)は折(お)り目(め)を表(あらわ)しています。

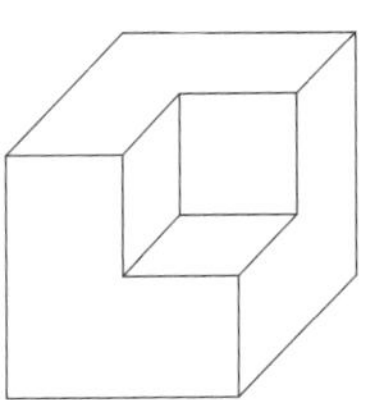

（1）

ア　　　　イ

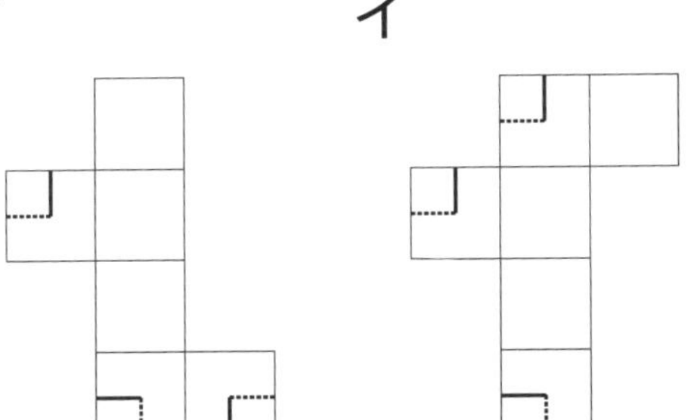

ウ

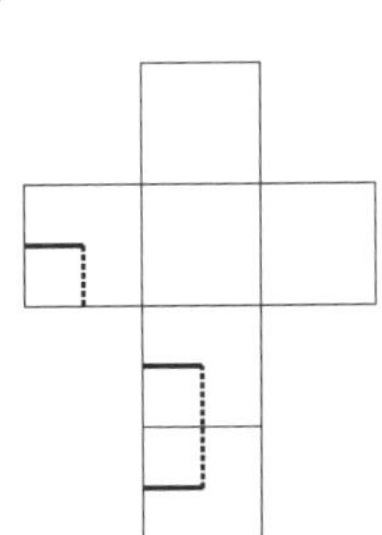

エ

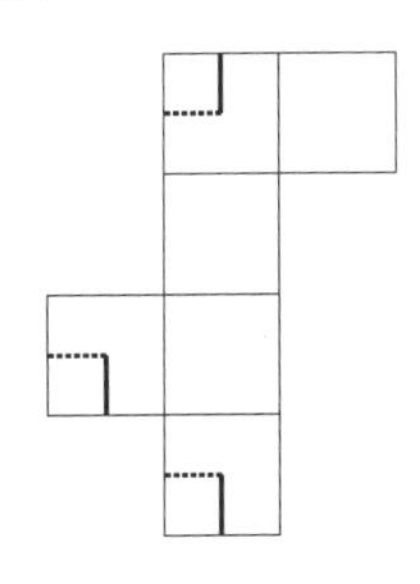

Q 右(みぎ)の図(ず)のような立体(りったい)の展開図(てんかいず)として正(ただ)しいものはどれですか。ただし，太線(ふとせん)は切(き)り込(こ)みを，点線(てんせん)は折(お)り目(め)を表(あらわ)しています。

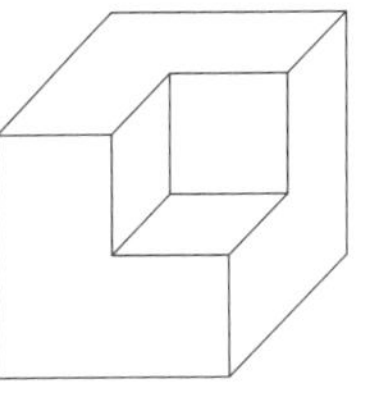

（2）

ア

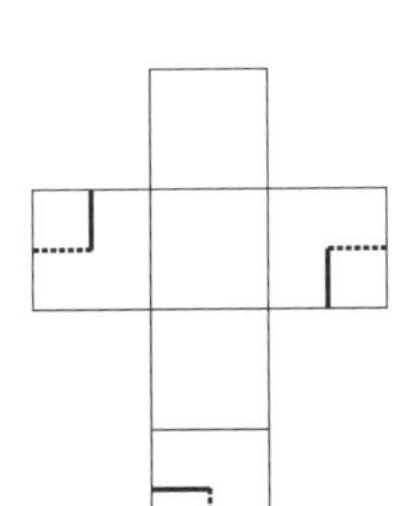

イ

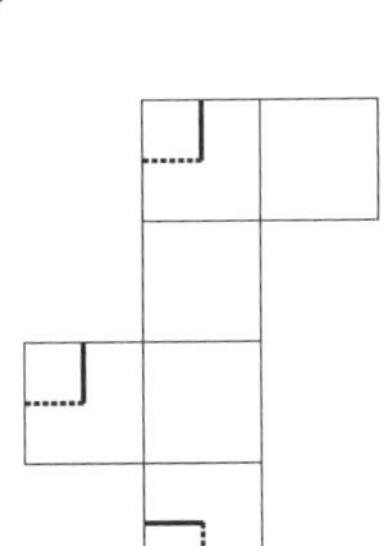

ウ

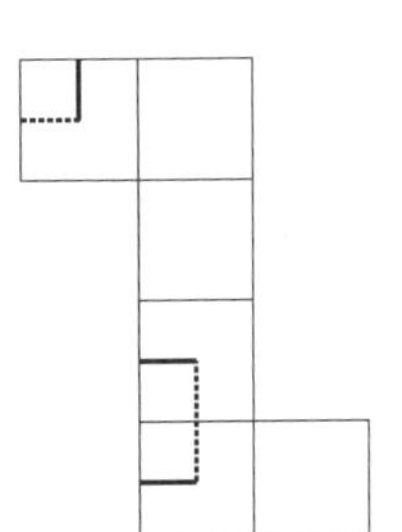

エ

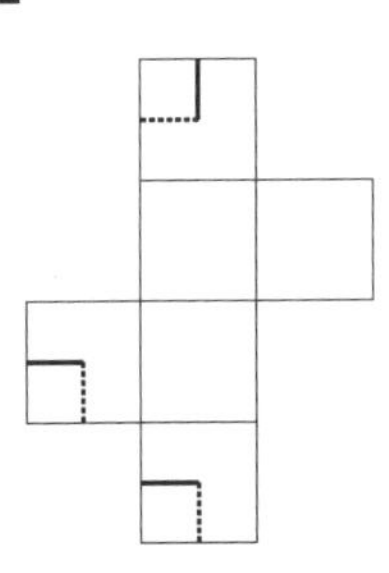

図形イメージのうち，「立体図形」に関する感覚を育成します。展開図は立体図形を組み立てる能力を鍛えます。それぞれの位置を確認しながら，組み立てるとどうなるか，実際の展開図を使って確認するとイメージを強化することができます。

step 1

〔　月　日〕

10 正八面体

目標時間は5分

分　秒

Q 次のア～ケの9つの展開図のうち，組み立てると正八面体になるものをすべて選びなさい。

ア

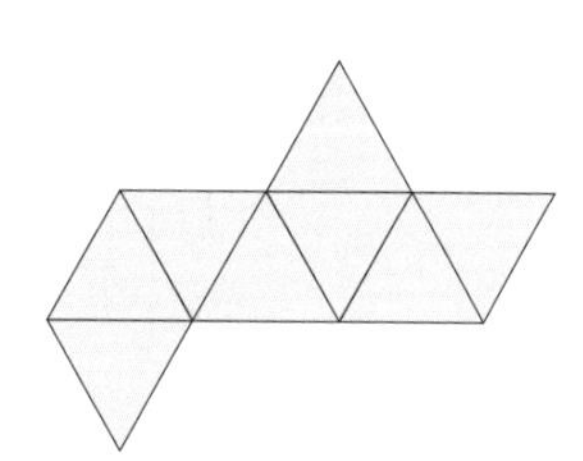

イ

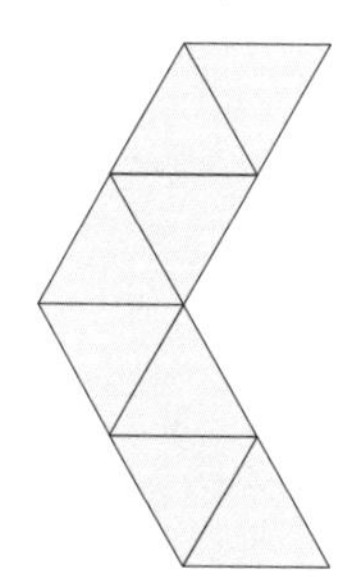

ウ

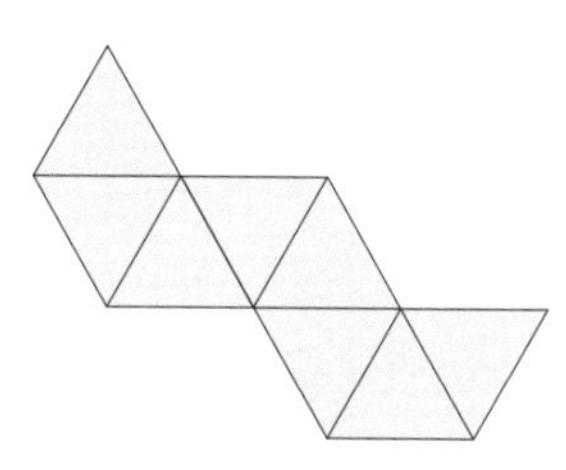

エ

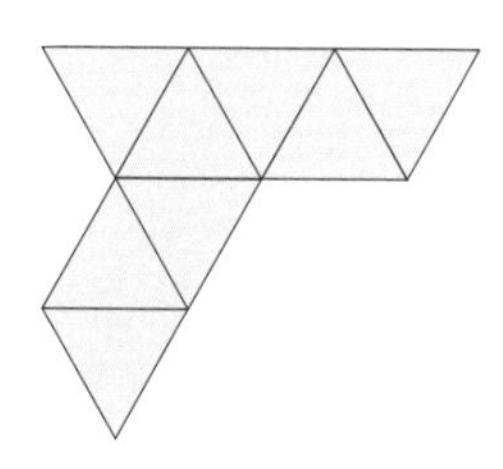

オ

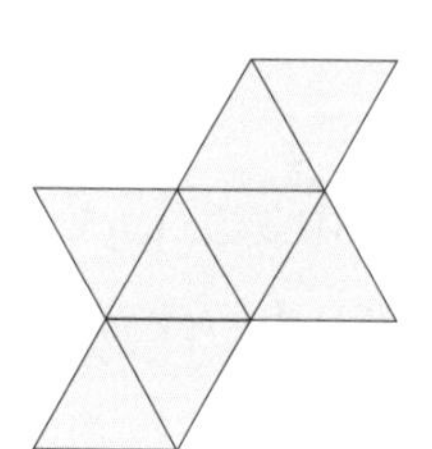

カ

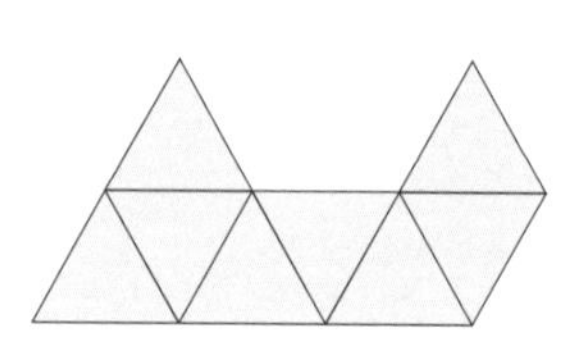

キ

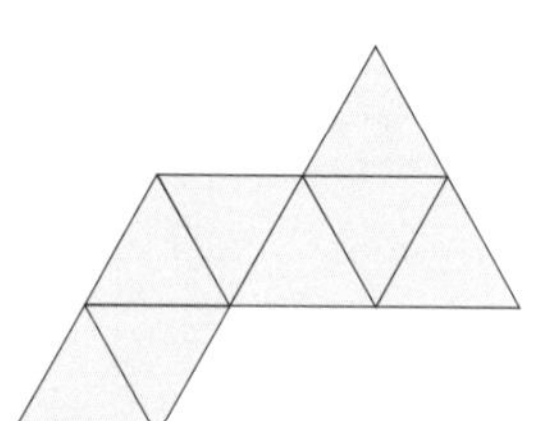

ク

ケ

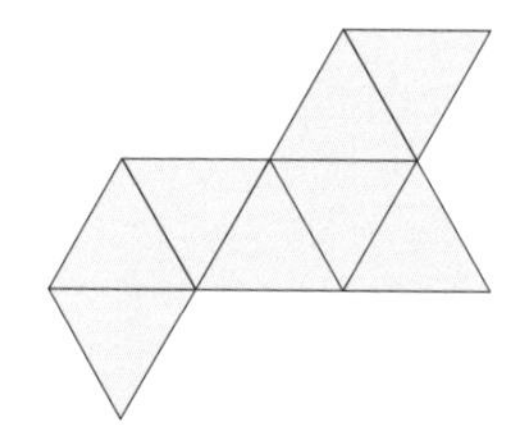

図形イメージのうち，「立体図形」に関する感覚を育成します。正八面体も展開図と同様，立体図形を組み立てる能力を鍛えます。図形の位置と構成を確認しながら，組み立てるとどうなるか，実際の展開図を使って確認するとイメージを強化することができます。

〔　　月　　日〕

11 サイコロころころ

目標時間は5分

分　　秒

Q 向かい合う面の和が7のサイコロを，
図のような位置から道にそって転がしていくと，
斜線の位置ではサイコロの上の面の数はいくつですか。

（1）

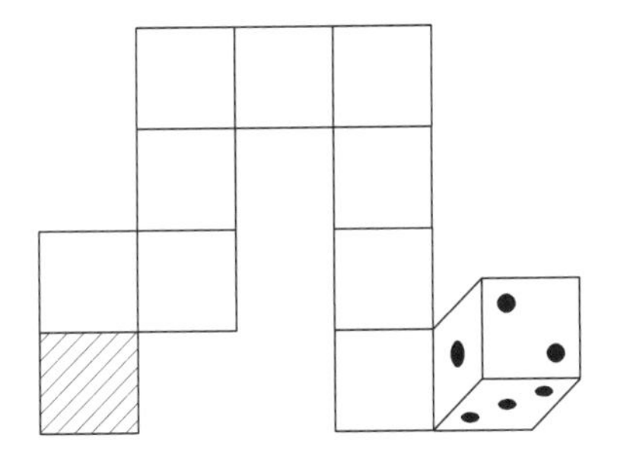

（2）

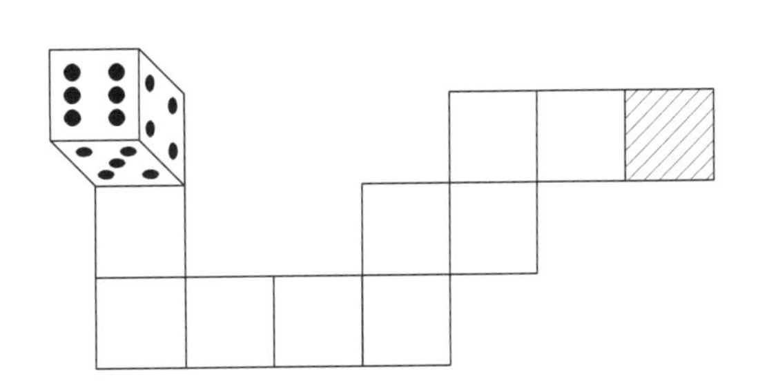

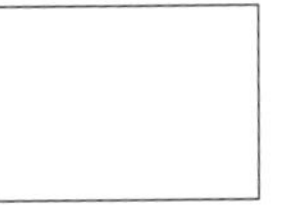

（3）

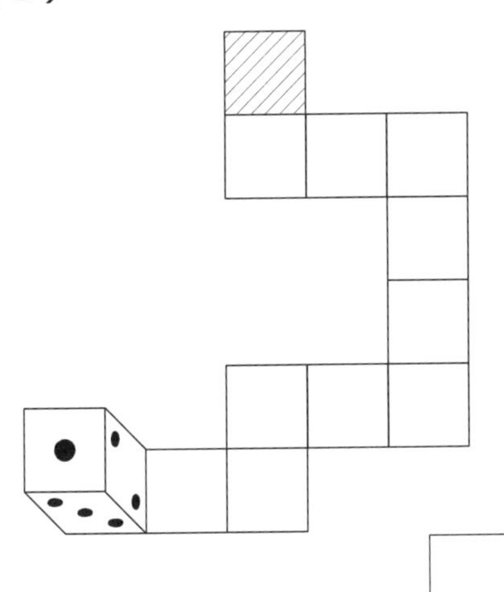

（4）

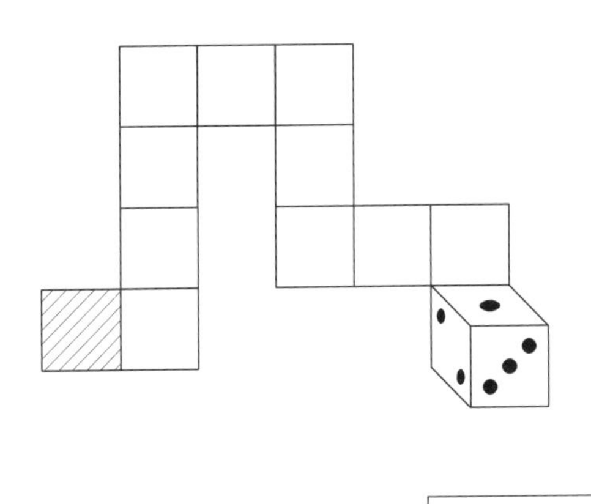

図形イメージのうち，「立体図形」に関する感覚を育成します。この分野は「立体回転」イメージを強化します。立体図形の回転は高度なイメージが必要ですが，回転する様子を分析するための基本になります。難しい場合は実物で研究しましょう。

step 1

〔　　月　　日〕

12 穴あけ

目標時間は5分

分　　秒

Q 125個の小さい立方体を積み重ねて，大きい立方体をつくり，この大きい立方体に向かい側までつき抜ける穴を黒丸の位置からあけることにします。
このとき，穴があいた小さい立方体は何個できますか。

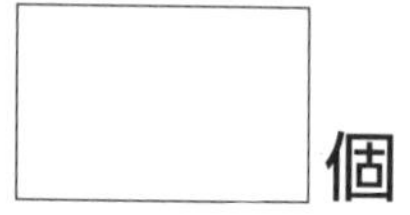
個

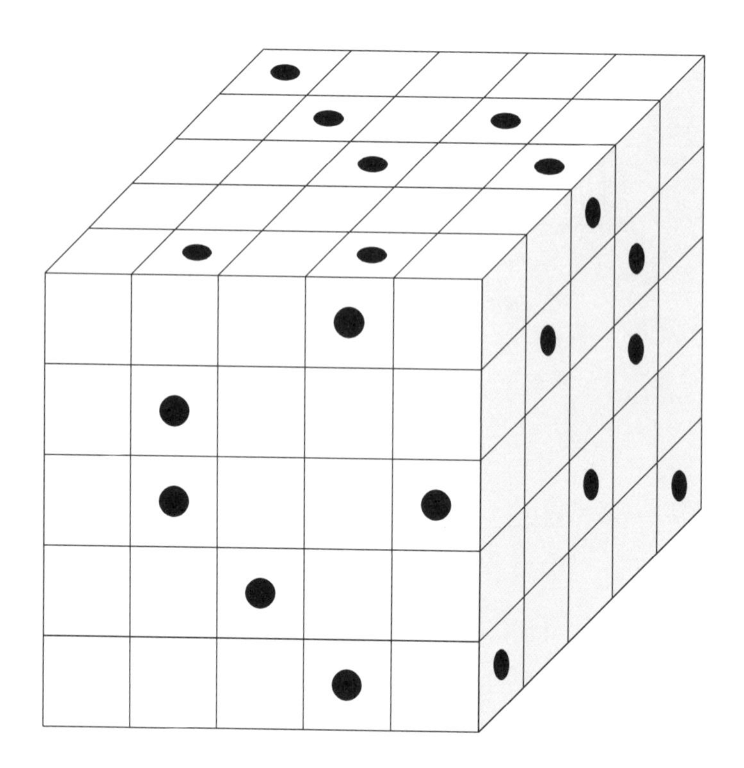

図形イメージのうち，「立体図形」に関する感覚を育成します。この分野は「分解」イメージを強化します。それぞれの積み木を分解し，図形の構成を見極め条件整理をします。じっくりイメージし粘り強く考えましょう。

〔　　月　　日〕

13 回転体

目標時間は５分

分　秒

Q 次の各平面図形を回転軸の周りに回転させてできた立体図形をかきなさい。ただし，図形上の直線が回転軸を表しています。

（1）

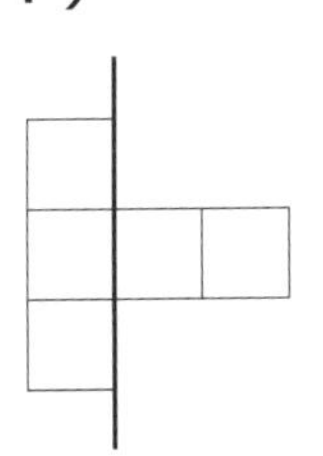

（答え）

（2）

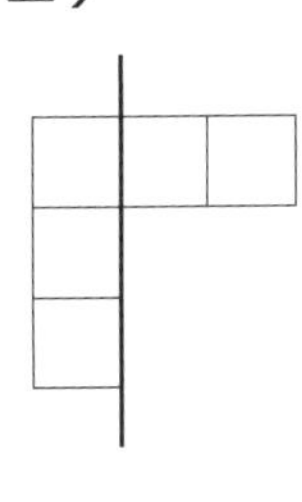

（答え）

（3）

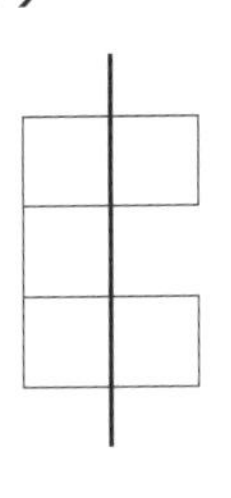

（答え）

（4）

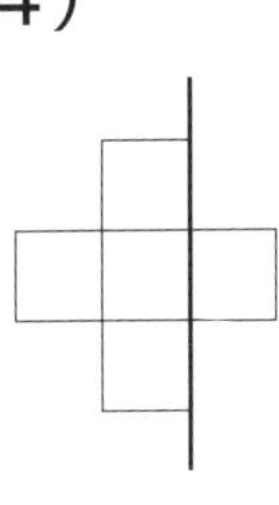

（答え）

（5）

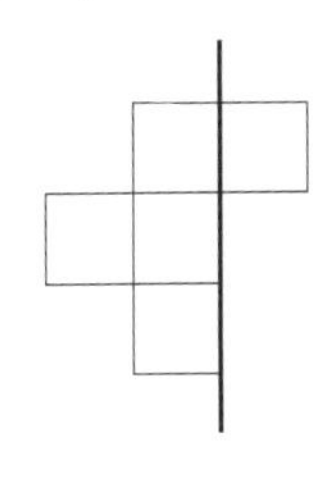

（答え）

図形イメージのうち，「立体図形」に関する感覚を育成します。平面図形を指定された軸で回転させイメージする練習です。図形の軌跡を正確にとらえながら，全体がどうなるかを考えましょう。解答となる図形以外もイメージできるようにしましょう。

step 1

〔　　月　　日〕

14 切断

目標時間は５分

分　　秒

Q 図のような 64 個の小さな立方体を積み重ねた立方体があります。この立方体を図の３点Ａ，Ｂ，Ｃを通る平面で切ると，何個の小さな立方体を切断することになりますか。

個

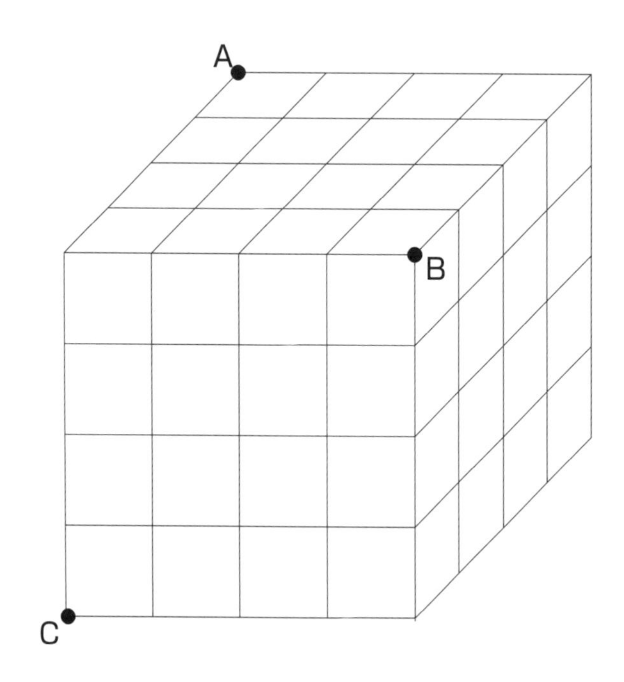

図形イメージのうち，「立体図形」に関する感覚を育成します。「切断」イメージを強化します。
立体を切断しながら，図形の構成を確認する練習です。難しい場合は，切断面を作図しながら考えましょう。

step 1 〔　月　日〕

15 点描写

目標時間は1分30秒
分　秒

Q 左の図と右の図が同じになるように，点を結びなさい。

（1）

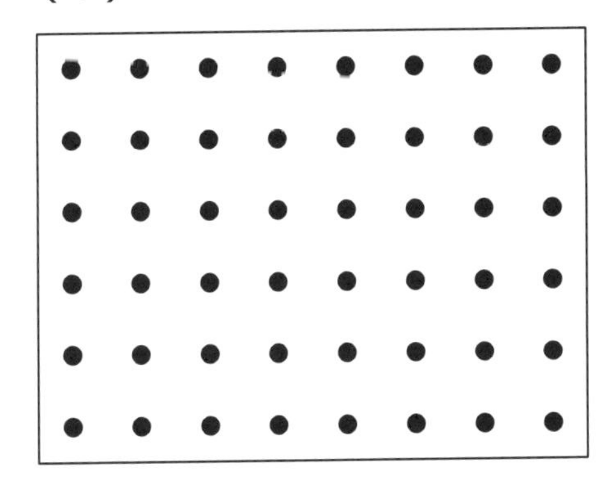

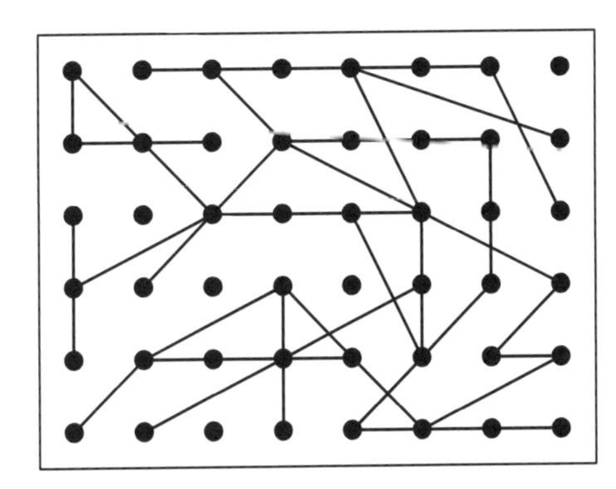

（2）

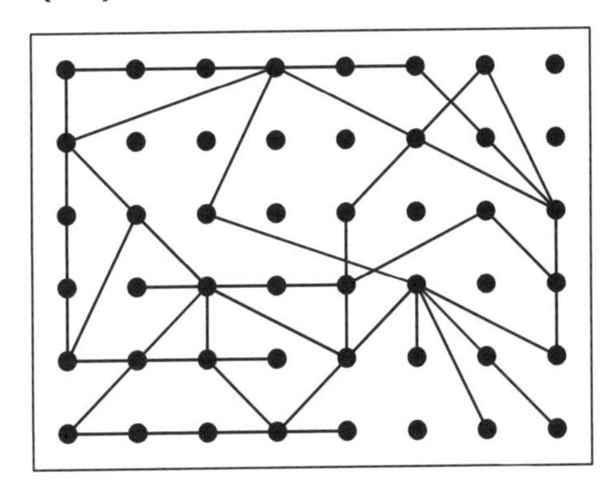

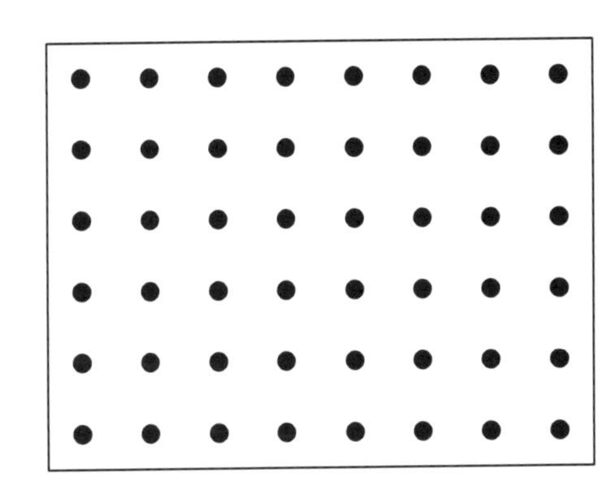

（3）

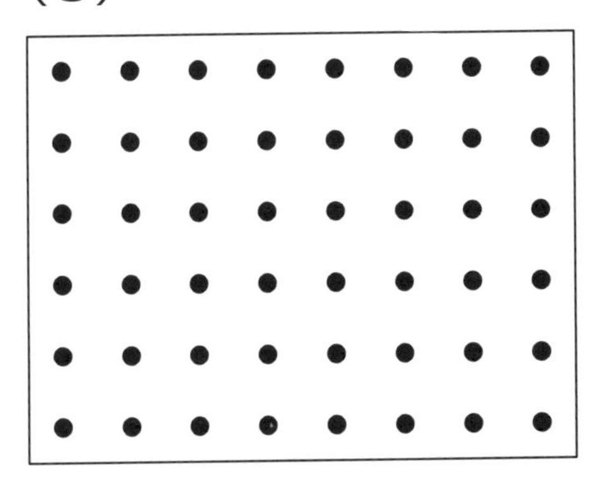

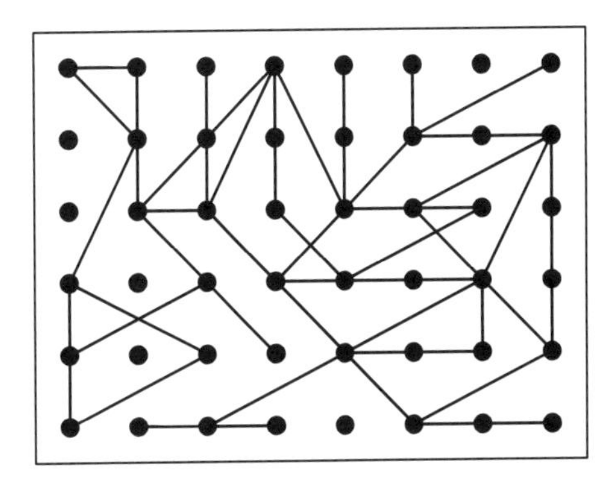

図形イメージを強化する「基盤トレーニング」です。位置や形を丁寧にかくことを意識しましょう。
線が曲がったり，はみ出したりしないように注意しながら，丁寧に，速くできるように練習しましょう。

step 1

〔　　月　　日〕

16 点描写選択

目標時間は30秒

分　　秒

Q お手本と同じ図を1～4の中から1つだけさがして，番号で答えましょう。

ただし，お手本にない場合は5と答えましょう。

（お手本）

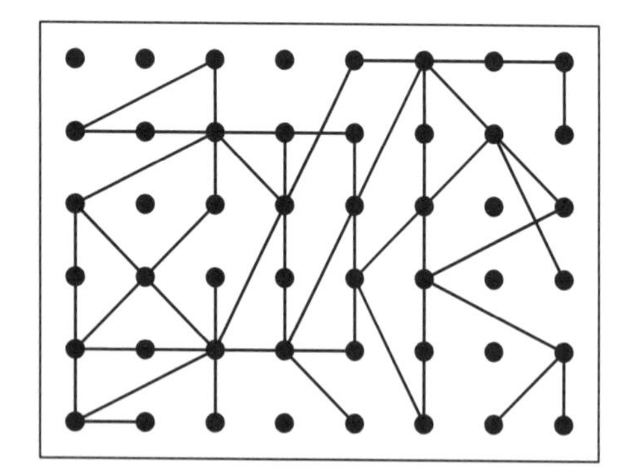

1.

2.

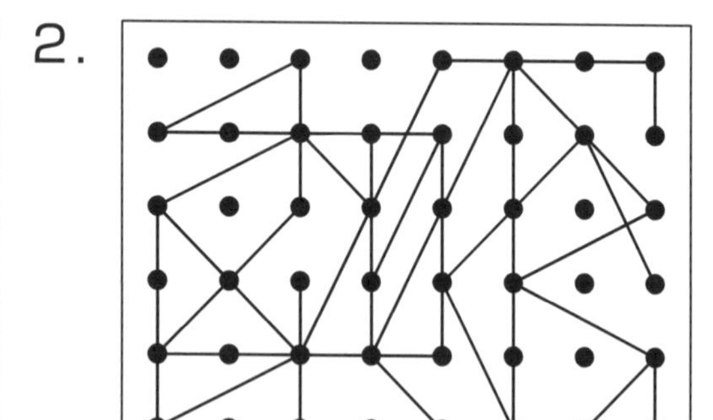

3.

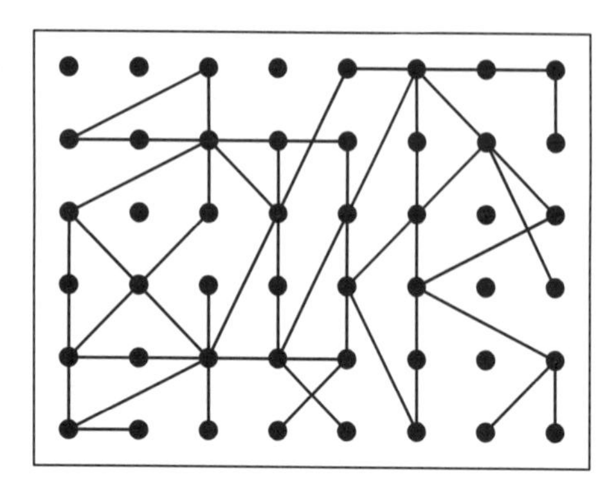

4.

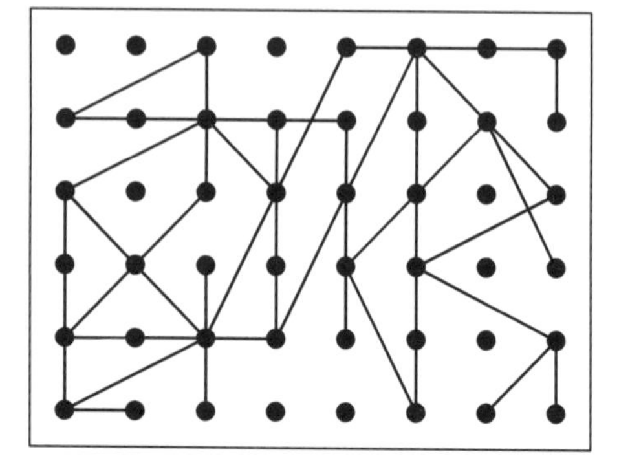

図形イメージを強化する「基盤トレーニング」です。

step 1　　　　〔　　月　　日〕

17 回転点描写選択

目標時間は30秒

分　　秒

Q お手本を180度回転させた図を1～3の中から1つだけさがして，番号で答えましょう。

（お手本）

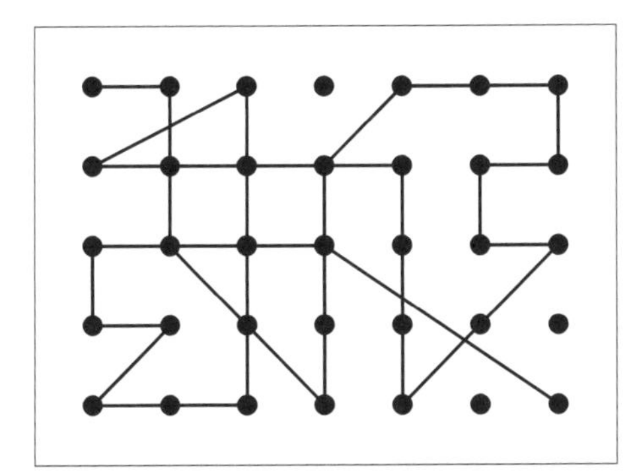

1.

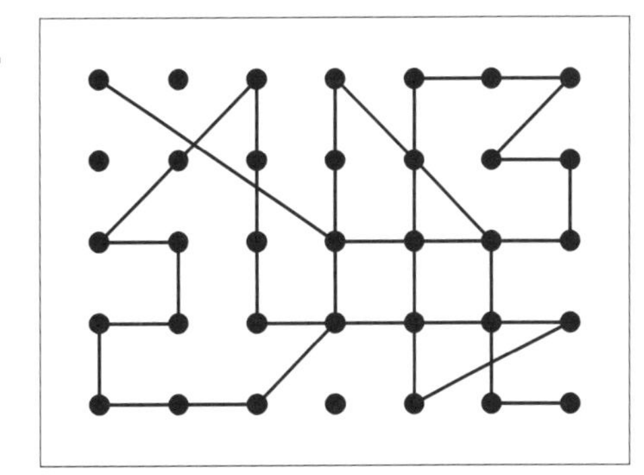

2.

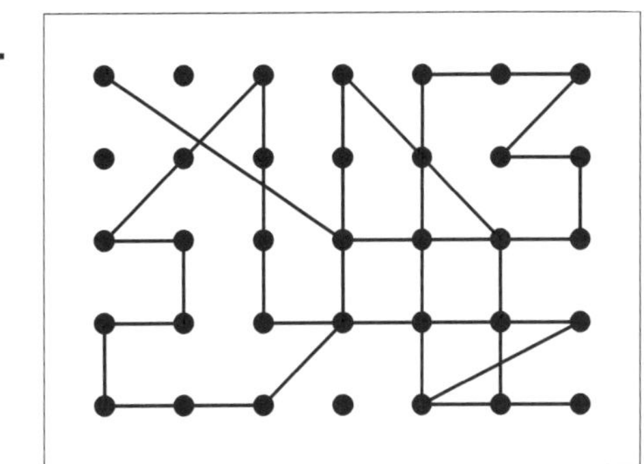

3.

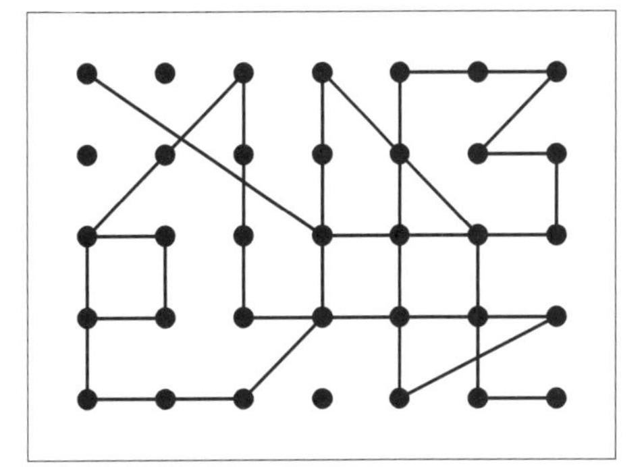

図形イメージを強化する「基盤トレーニング」です。

step 1　〔　　月　　日〕

18 紙切り

目標時間は5分

分　　秒

Q 正方形の紙を，図のように点線を折り目にして折りました。この紙から斜線の部分を切り落として，残った部分を広げると，どのような図形になりますか。答えのところに，切り落とした部分を斜線にしてかき入れなさい。

(1)

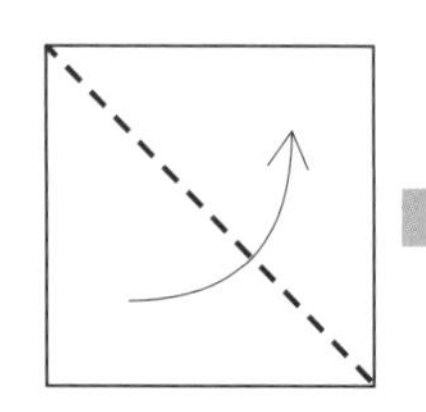
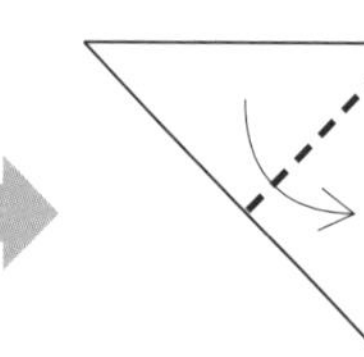
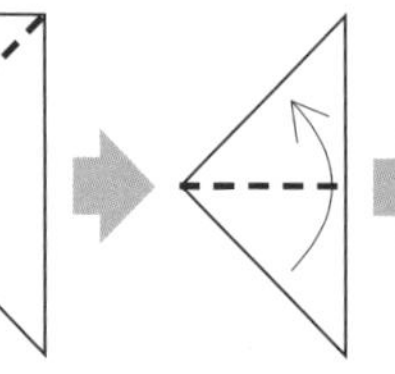
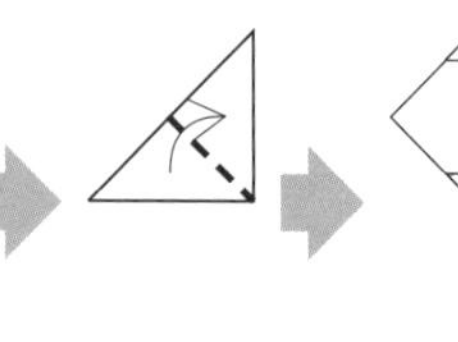

(答え)

(2)

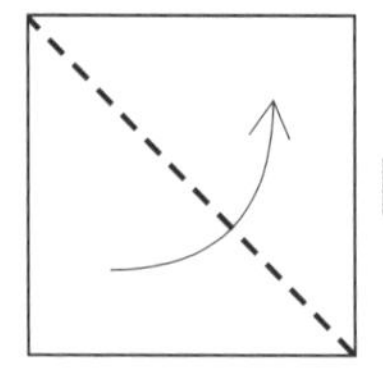
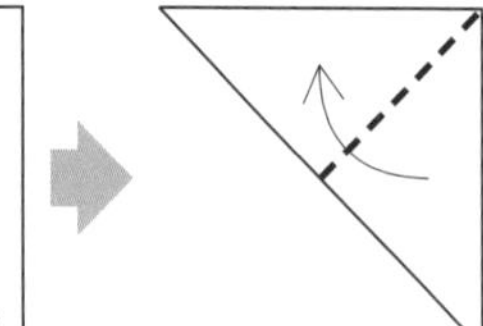
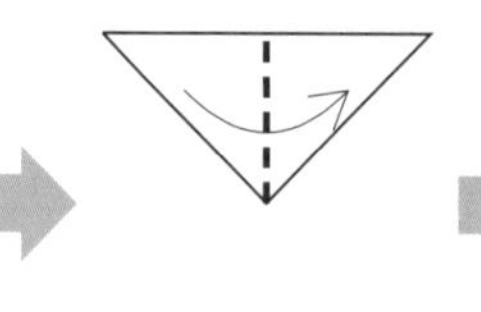
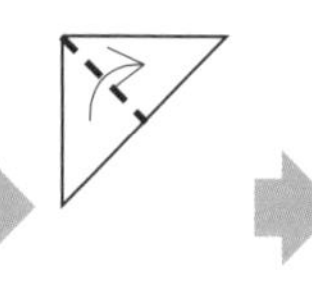
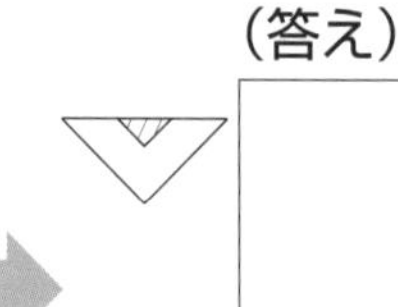

(答え)

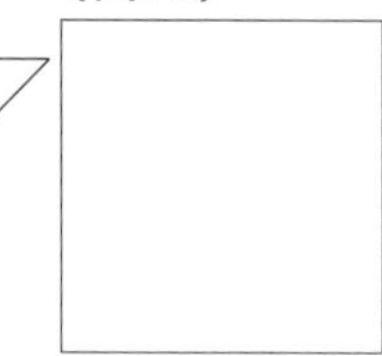

(3)

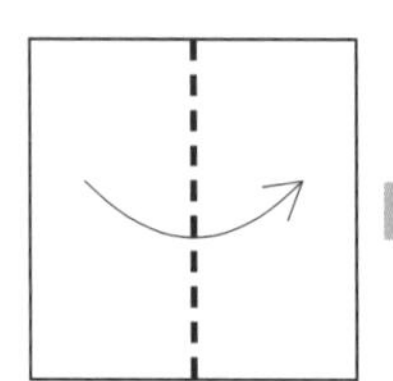
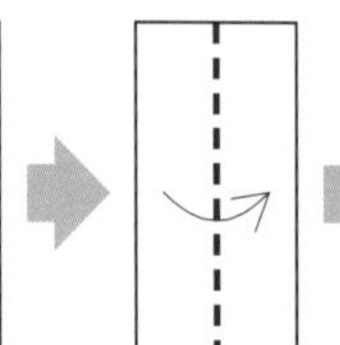
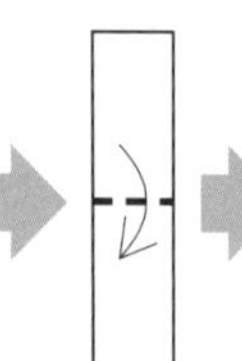
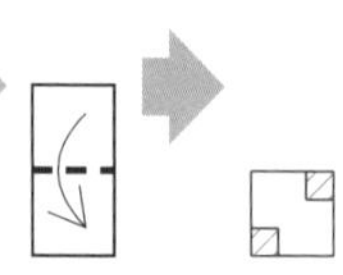

(答え)

(4)

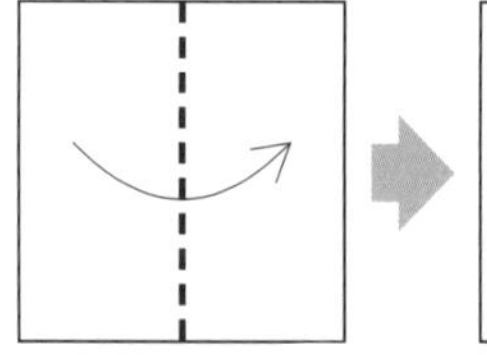
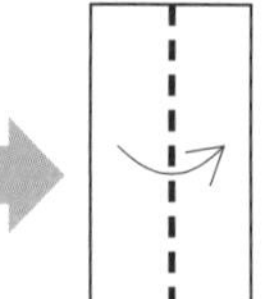
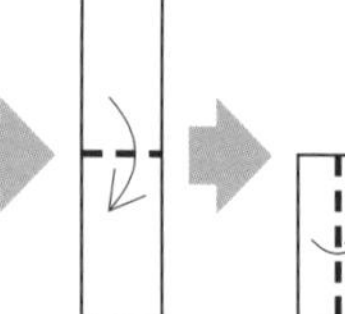
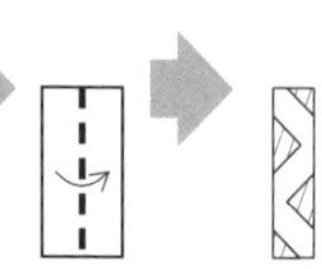

(答え)

図形イメージのうち，「平面図形」に関する感覚を育成します。この分野は「対称」イメージを強化します。理解が難しい場合は折り紙などを使用し，実際にどうなるかを試しながら，実物練習とイメージ練習を相互に強化しましょう。

step 1　〔　月　日〕

19 回転図

目標時間は5分

分　秒

Q 左の図を，まん中の黒点のところにはりをさして，（1）と（3）は右に90度，（2）と（4）は180度回転させた図を，右の図にかきましょう。

（1）右に90度回転

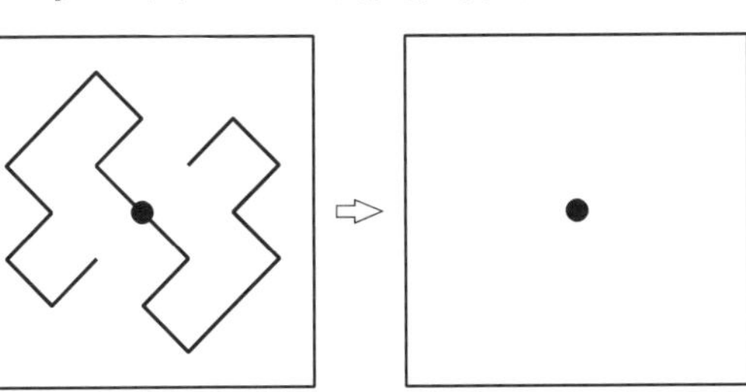

（2）180度回転

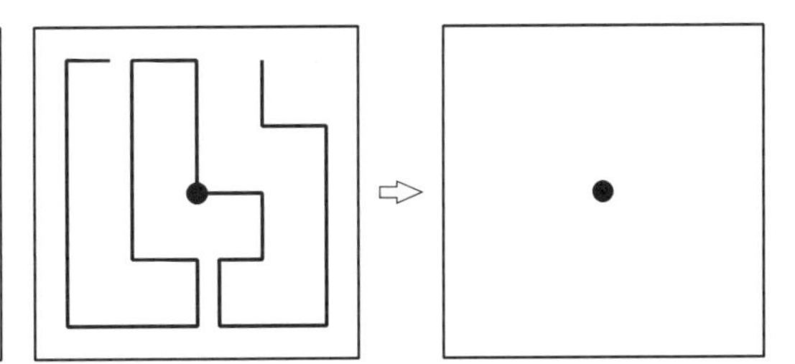

（3）右に90度回転

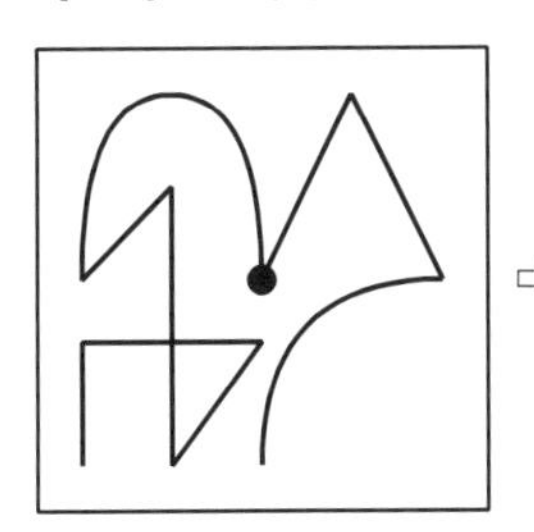

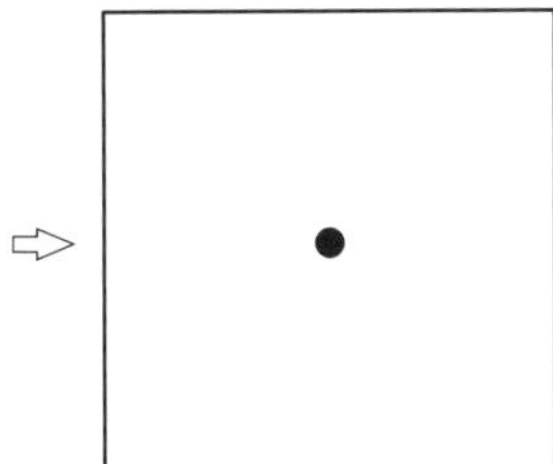

（4）180度回転

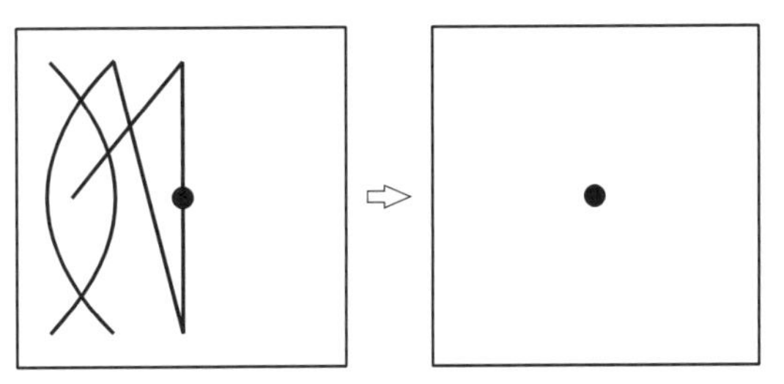

図形イメージのうち，「平面図形」に関する感覚を育成します。この分野は「回転」イメージを強化します。中心と図形の関係をとらえながら回転後のイメージ描写を練習します。難しい場合は実際に回転させて確認しましょう。

step 1　　〔　　月　　日〕

20 タ イ ル

目標時間は5分
分　　秒

Q 斜線で表された図形の広さは，タイル何枚分ですか。
『三角形の面積の公式』を利用しないで求めましょう。

（1）

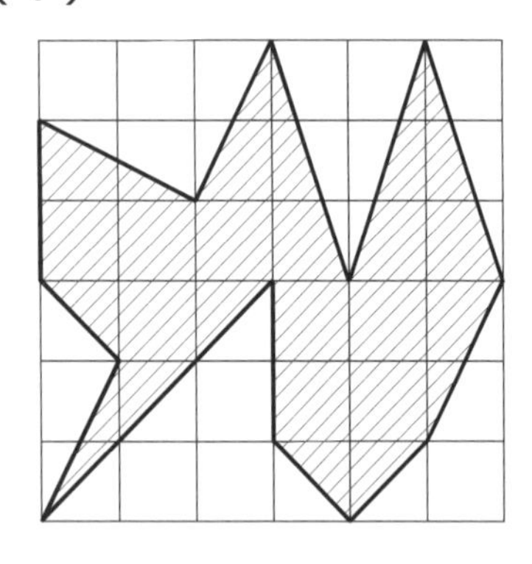

□枚分

（2）

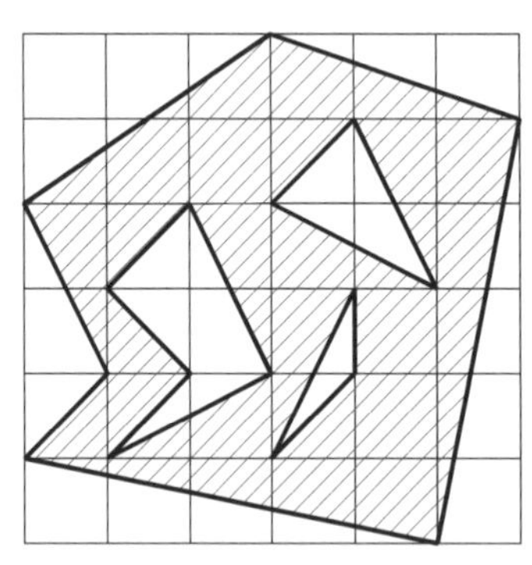

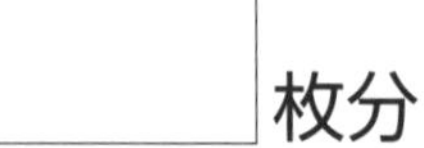

枚分

（3）

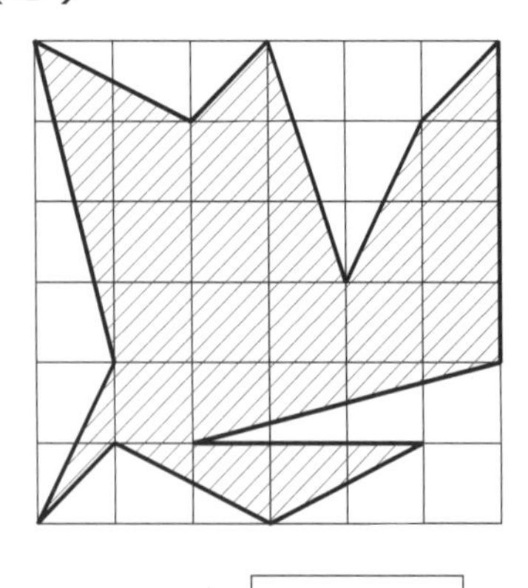

□枚分

（4）

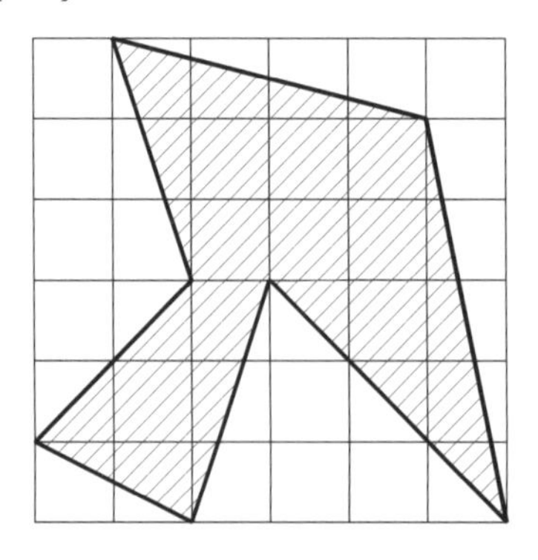

□枚分

図形イメージのうち，「平面図形」と「数量」に関する感覚を育成します。三角形が四角形の半分であることを確認しましょう。三角形と四角形の関係に気づくと，より図形の理解が深まり，図形構成がイメージしやすくなります。

21 投影図

目標時間は5分
分　秒

Q 下の図は，立方体の積み木をきちんと重ねた立体を，正面，真上，右横から見た図です。
これについて，次の問いに答えなさい。

正面から見た図　　真上から見た図　　右横から見た図

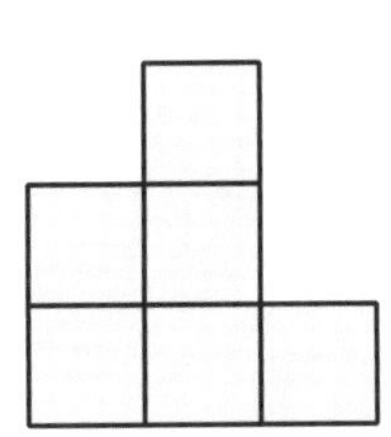

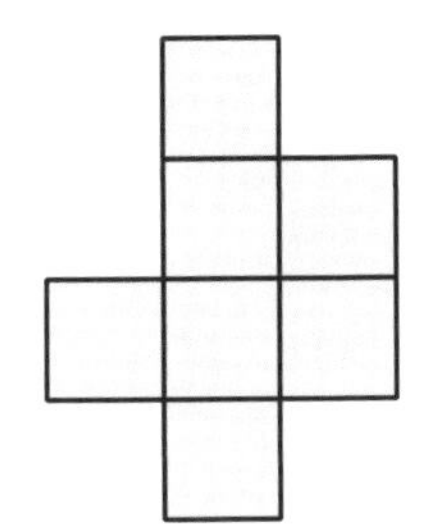

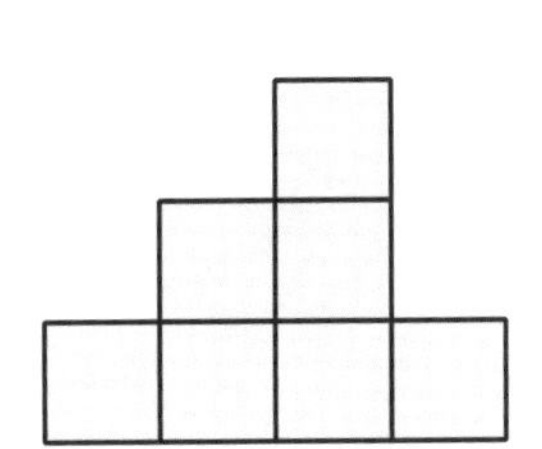

(1) 考えられる積み木の個数のうち，最も多い個数を答えなさい。

□個

(2) 考えられる積み木の個数のうち，最も少ない個数を答えなさい。

□個

図形イメージのうち，「立体図形」に関する感覚を育成します。様々な角度から図形をイメージする練習です。立体図形を指定された方向から見て，平面図形で表すトレーニングです。難しい場合は積み木などを使ってその方向から確認しましょう。

step 1

〔　　月　　日〕

22 積み木

目標時間は５分

分　　秒

Q 積み木を３つに分けてならべます。３つの積み木の合計は何個ですか。
（複雑な形は，頭の中で数えやすい形に移動してから数えましょう。）

（1）

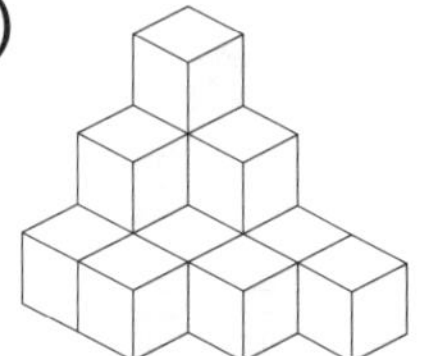
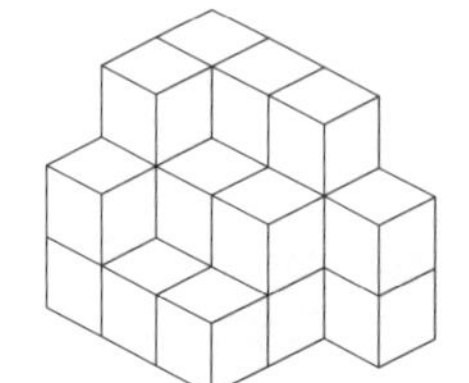
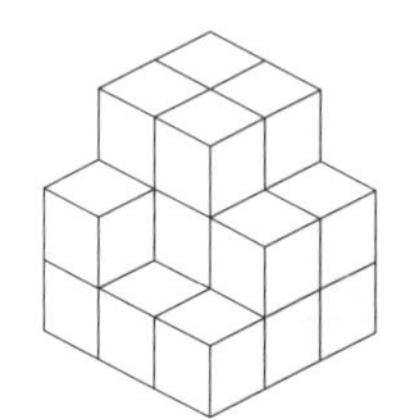

個

（2）

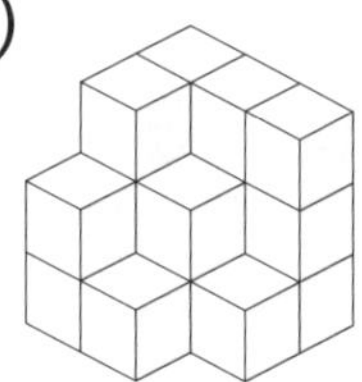
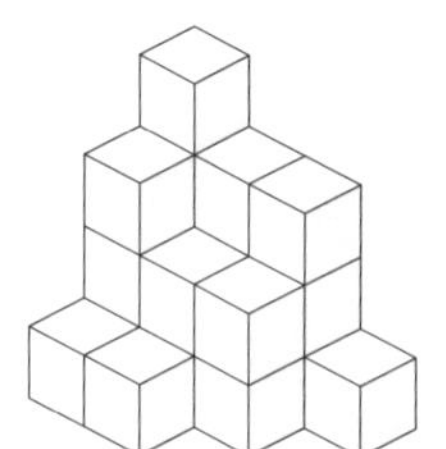
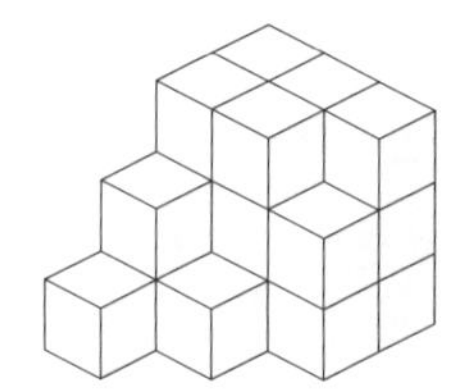

個

（3）

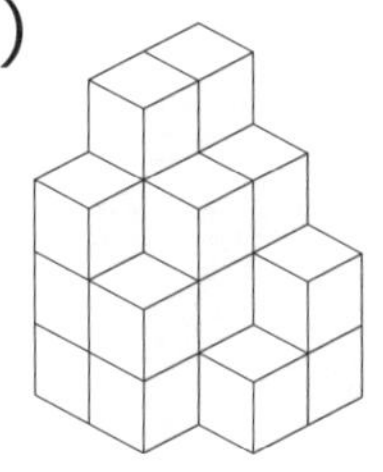
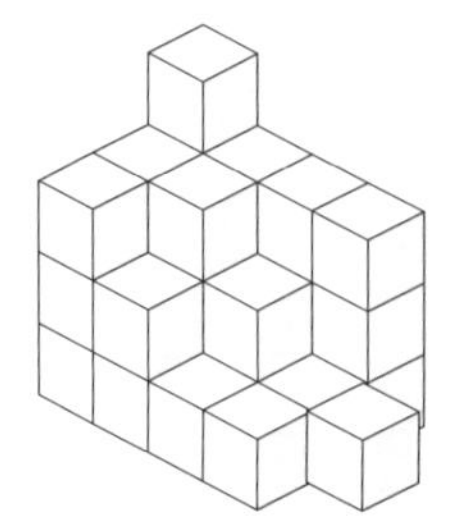
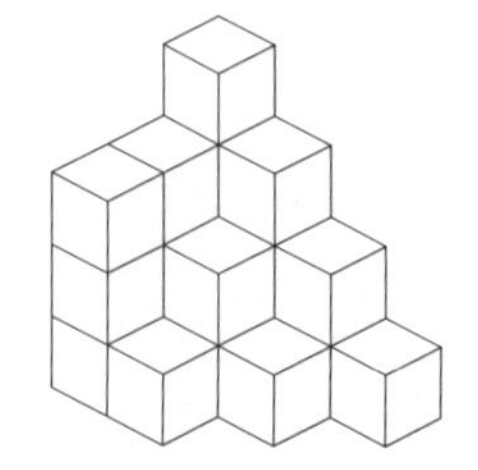

個

図形イメージのうち，「立体図形」に関する感覚を育成します。積み木の数を数える練習です。積み木を正確に数えることは立体図形を正しくイメージできていると言えます。また，数えやすい形などに工夫をすると一層強化されます。

〔　　月　　日〕

23 展開図

目標時間は5分

分　　秒

Q 右の図のような立体の展開図として正しいものはどれですか。ただし，太線は切り込みを，点線は折り目を表しています。

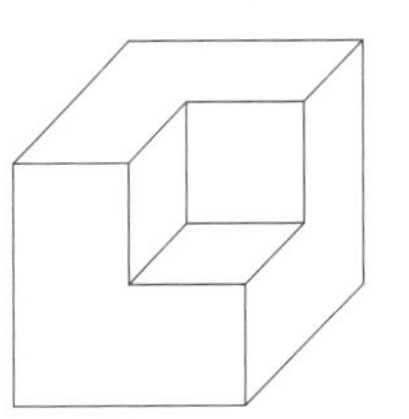

（1）

ア　　イ　　ウ　　エ

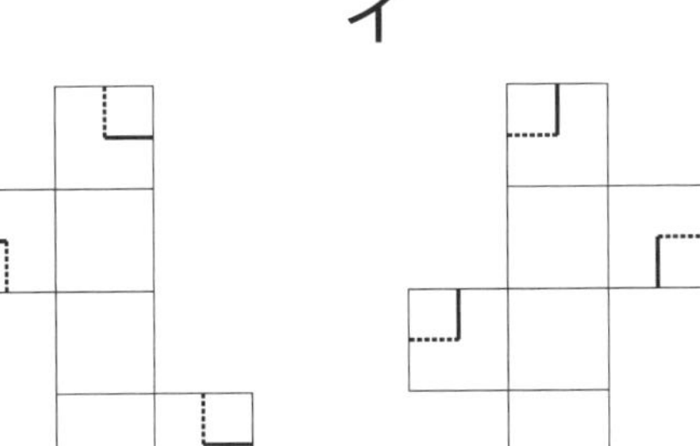

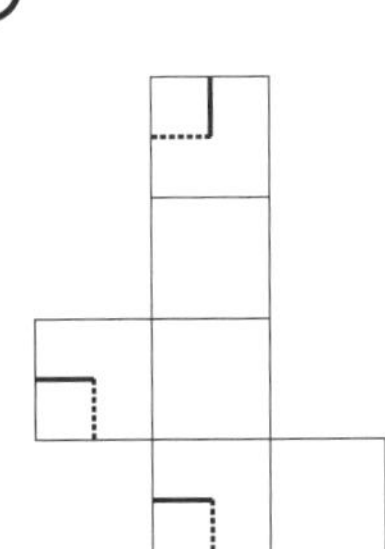

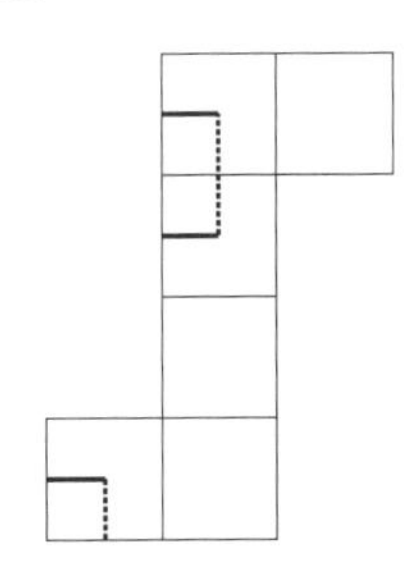

Q 右の図のような立体の展開図として正しいものはどれですか。ただし，太線は切り込みを，点線は折り目を表しています。

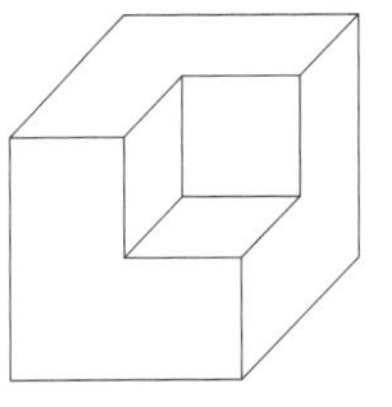

（2）

ア　　イ　　ウ　　エ

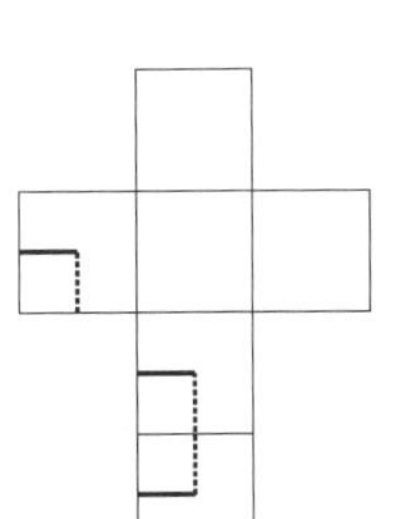

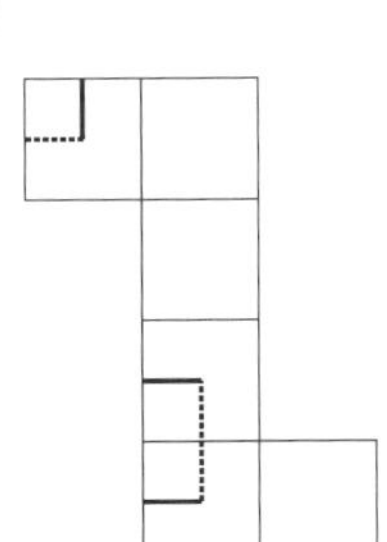

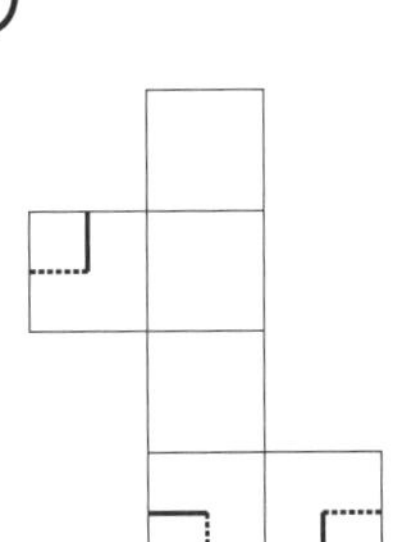

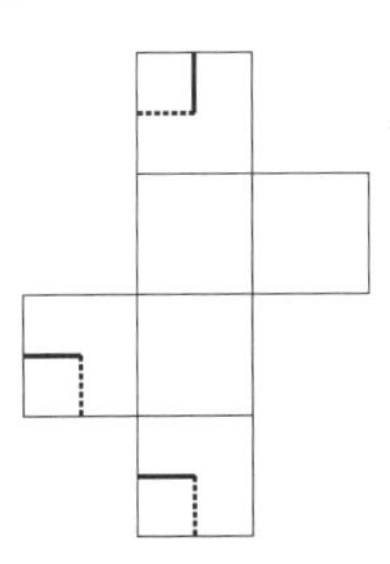

図形イメージのうち，「立体図形」に関する感覚を育成します。展開図は立体図形を組み立てる能力を鍛えます。それぞれの位置を確認しながら，組み立てるとどうなるか，実際の展開図を使って確認するとイメージを強化することができます。

step 1

〔　　月　　日〕

24 正八面体

目標時間は5分

分　　秒

Q 次のア～ケの9つの展開図のうち，組み立てると正八面体になるものをすべて選びなさい。

ア

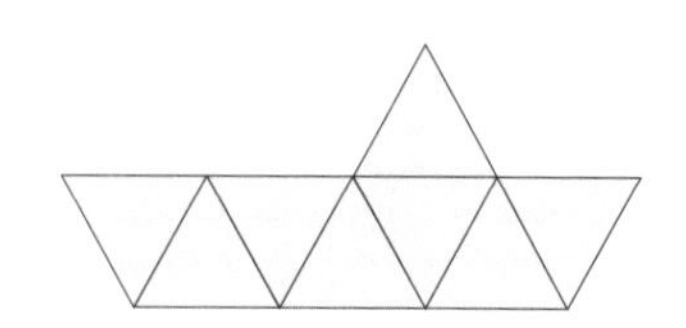

イ

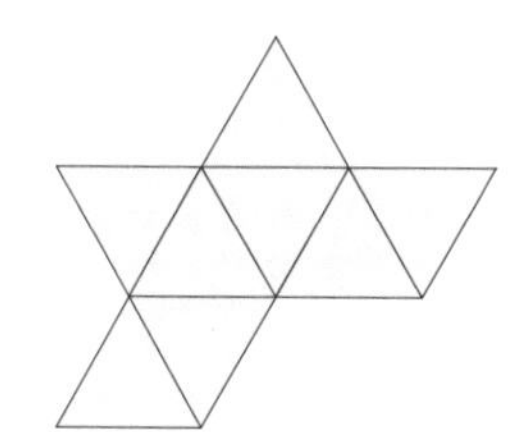

ウ

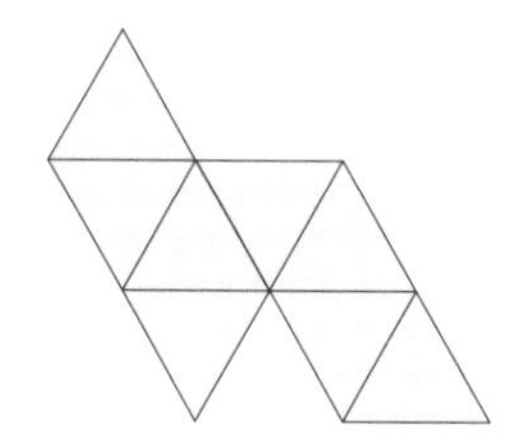

エ

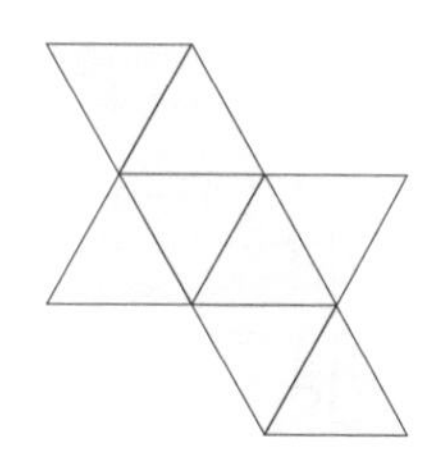

オ

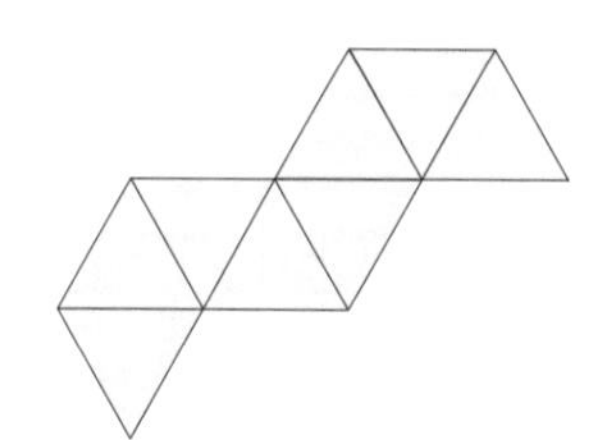

カ

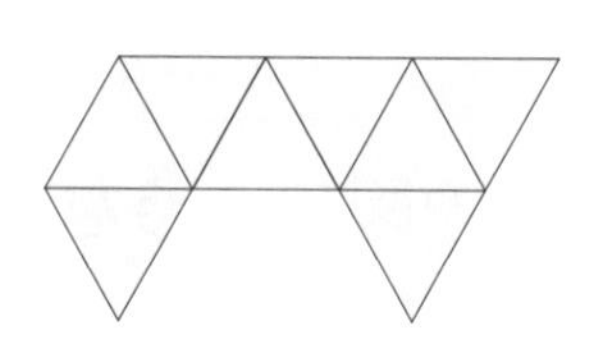

キ

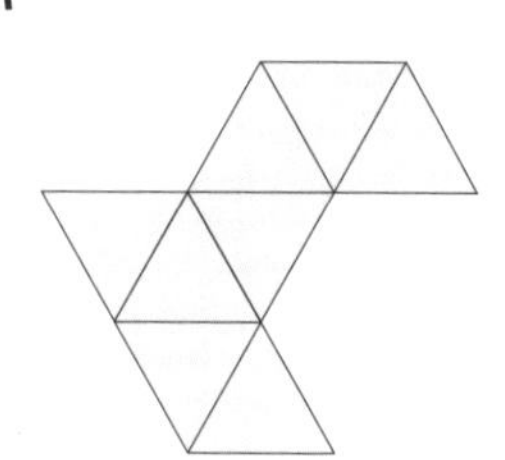

ク

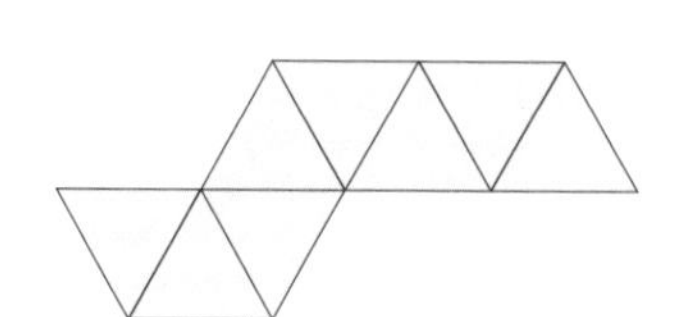

ケ

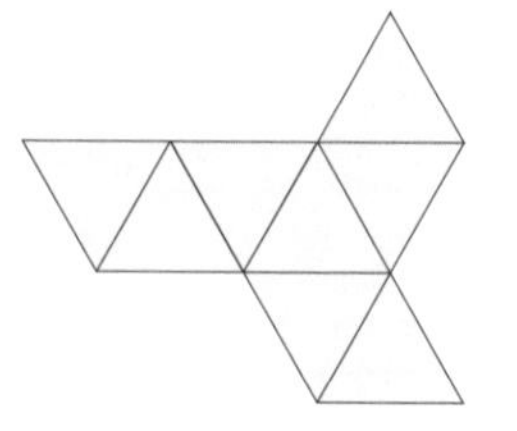

図形イメージのうち，「立体図形」に関する感覚を育成します。正八面体も展開図と同様，立体図形を組み立てる能力を鍛えます。図形の位置と構成を確認しながら，組み立てるとどうなるか，実際の展開図を使って確認するとイメージを強化することができます。

25 サイコロころころ

目標時間は５分

分　秒

Q 向かい合う面の和が７のサイコロを，
図のような位置から道にそって転がしていくと，
斜線の位置ではサイコロの上の面の数はいくつですか。

（1）

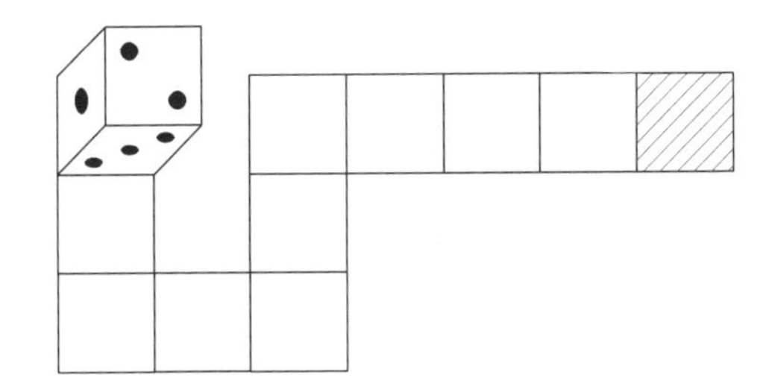

（2）

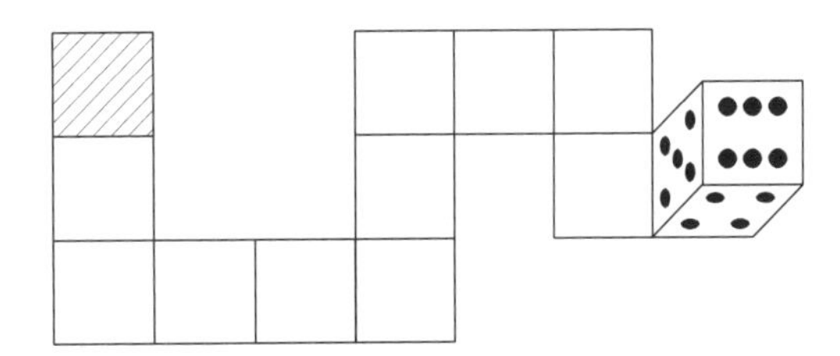

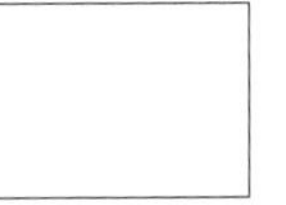

（3）

（4）

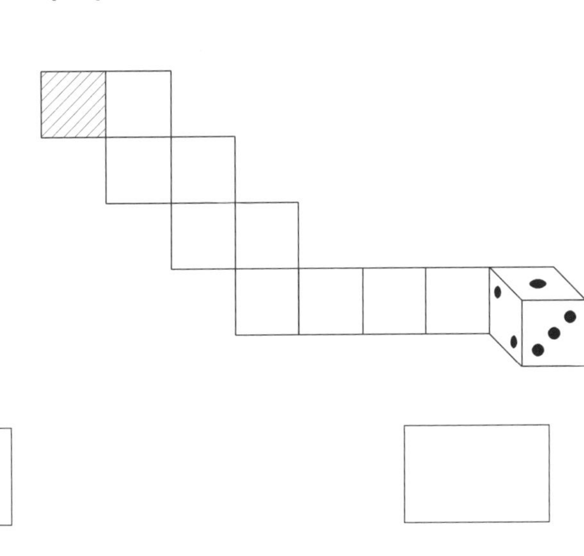

図形イメージのうち，「立体図形」に関する感覚を育成します。この分野は「立体回転」イメージを強化します。立体図形の回転は高度なイメージが必要ですが，回転する様子を分析するための基本になります。難しい場合は実物で研究しましょう。

step 1

〔　　月　　日〕

26 穴あけ

目標時間は5分
分　秒

Q 125個の小さい立方体を積み重ねて，大きい立方体をつくり，この大きい立方体に向かい側までつき抜ける穴を黒丸の位置からあけることにします。
このとき，穴があいた小さい立方体は何個できますか。

個

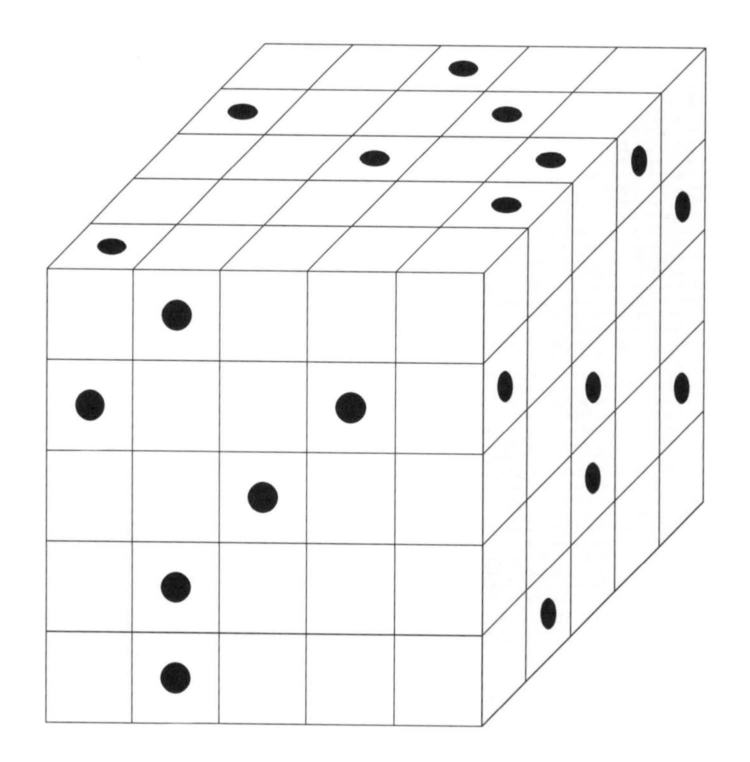

図形イメージのうち，「立体図形」に関する感覚を育成します。この分野は「分解」イメージを強化します。それぞれの積み木を分解し，図形の構成を見極め条件整理をします。じっくりイメージし粘り強く考えましょう。

27 回転体

目標時間は５分

分　　秒

Q 次の各平面図形を回転軸の周りに回転させてできた立体図形をかきなさい。ただし，図形上の直線が回転軸を表しています。

（1）

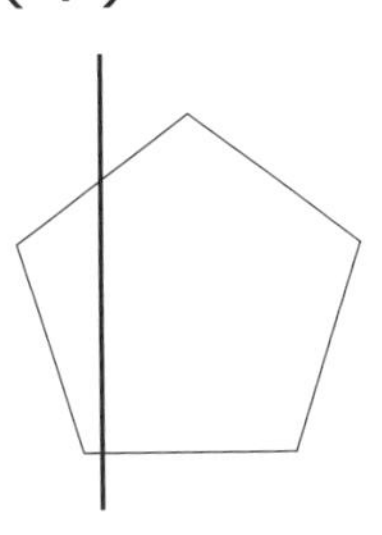

（答え）

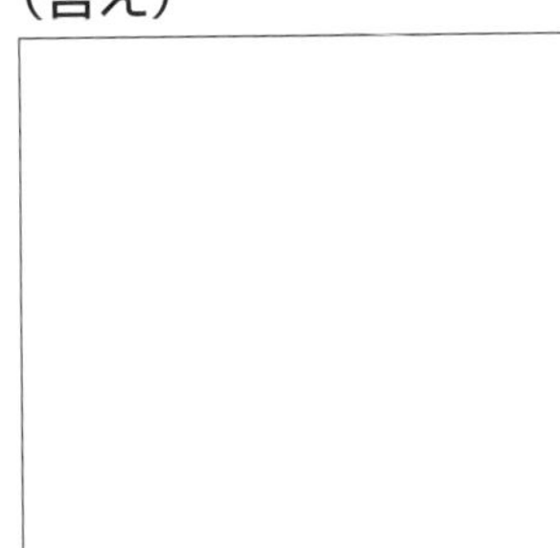

（2）

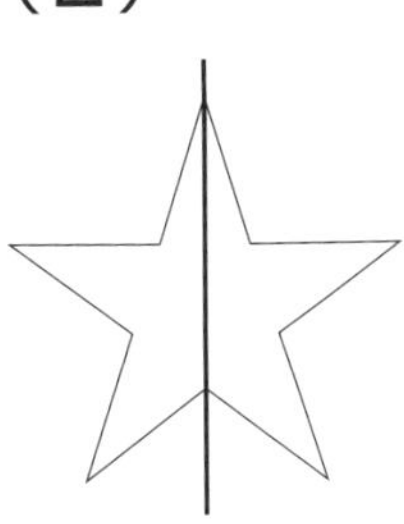

（答え）

（3）

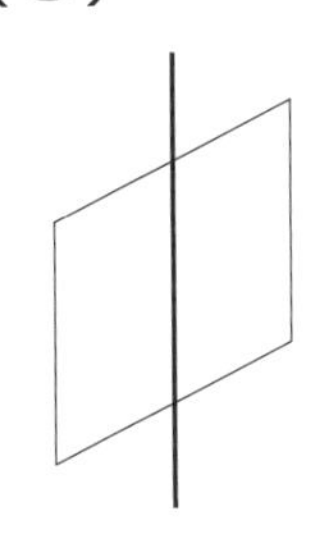

（答え）

（4）

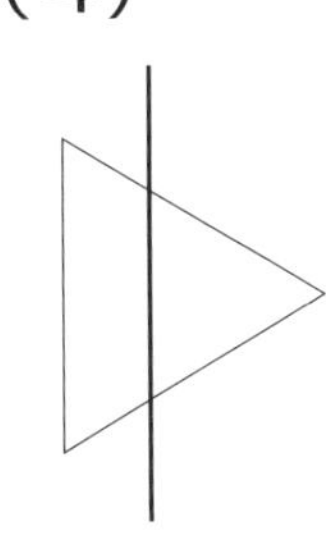

（答え）

（5）

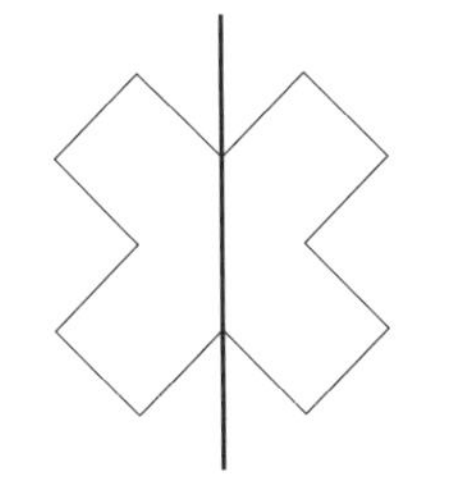

（答え）

図形イメージのうち，「立体図形」に関する感覚を育成します。平面図形を指定された軸で回転させイメージする練習です。図形の軌跡を正確にとらえながら，全体がどうなるかを考えましょう。解答となる図形以外もイメージできるようにしましょう。

〔　　月　　日〕

28 切断

目標時間は５分

分　　秒

Q 図のような 125 個の小さな立方体を積み重ねた立方体があります。この立方体を図の３点Ａ，Ｂ，Ｃを通る平面で切ると，何個の小さな立方体を切断することになりますか。

個

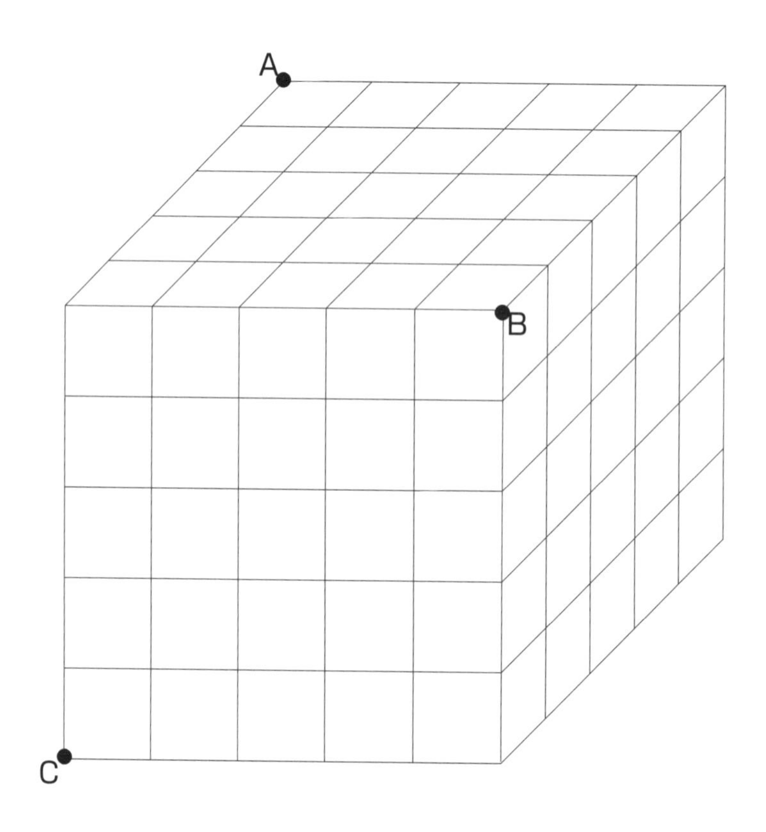

図形イメージのうち，「立体図形」に関する感覚を育成します。「切断」イメージを強化します。
立体を切断しながら，図形の構成を確認する練習です。難しい場合は，切断面を作図しながら考えましょう。

29 点描写選択

目標時間は30秒

分　　秒

Q お手本と同じ図を1～4の中から1つだけさがして，番号で答えましょう。
ただし，お手本にない場合は5と答えましょう。

（お手本）

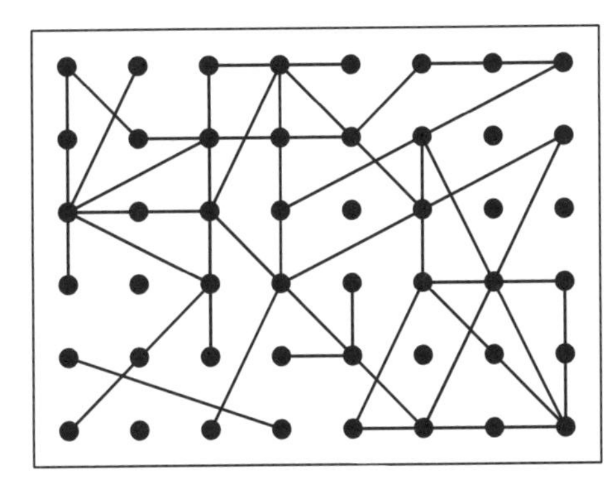

1.

2.

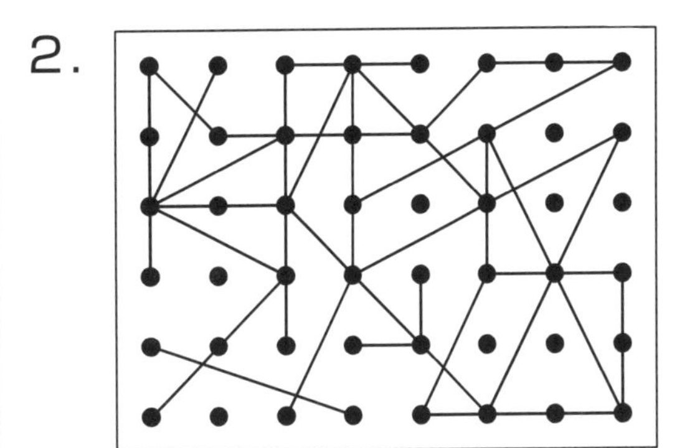

3.

4.

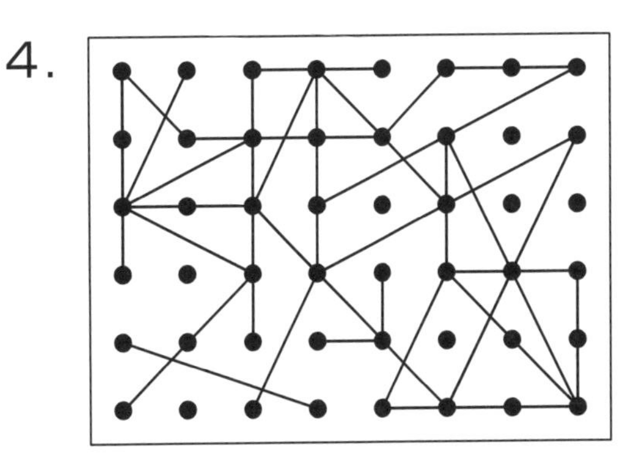

〔　　月　　日〕

30 回転点描写スペシャル

目標時間は１分30秒

分　　秒

Q 左の図を180度回転させたものと同じになるように，右の図に点を結びなさい。

（1）

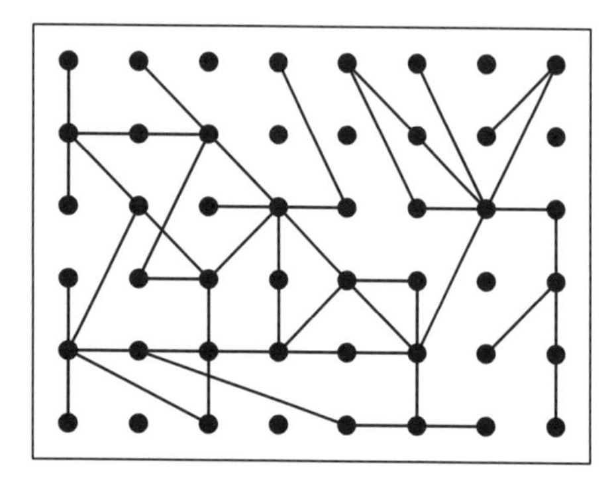

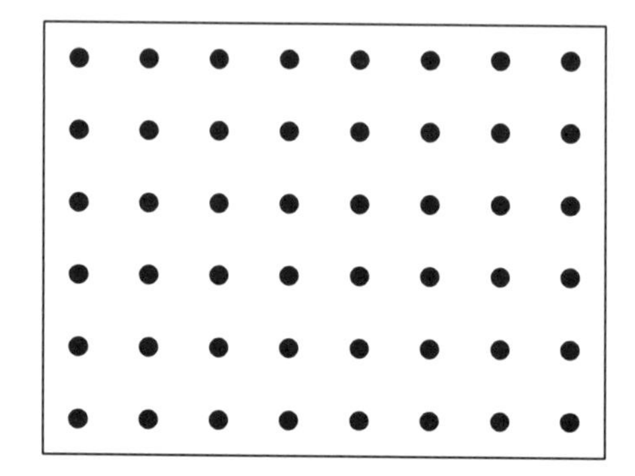

（2）

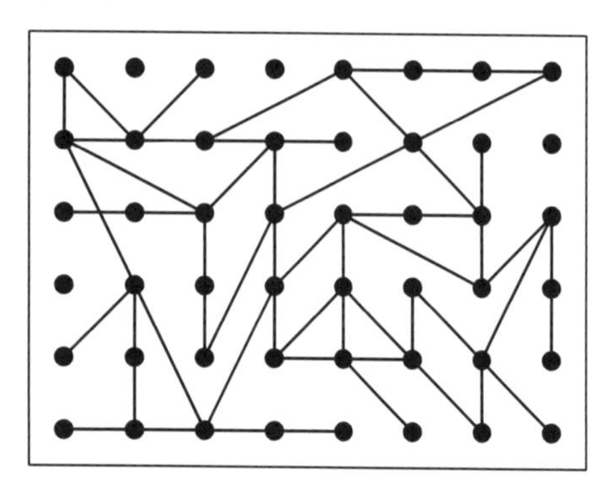

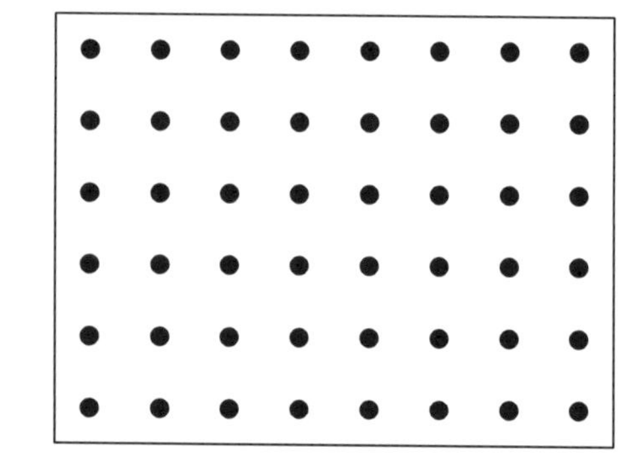

（3）

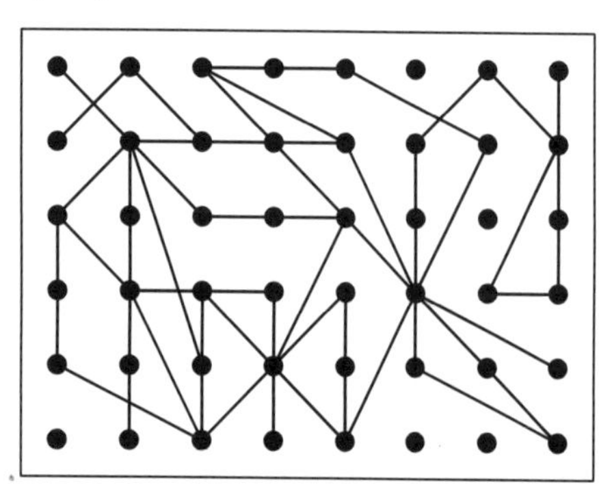

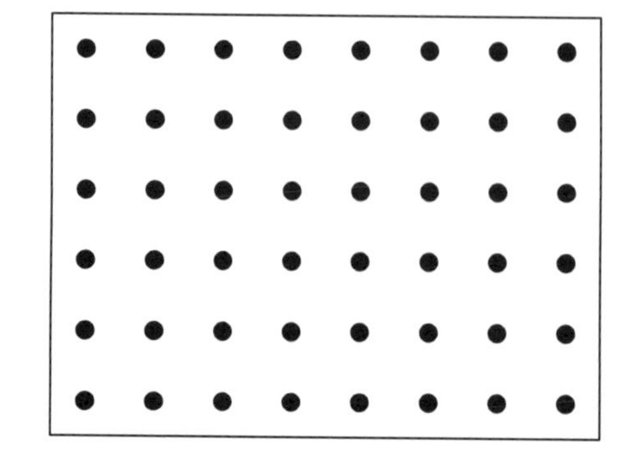

図形イメージを強化する「基盤トレーニング」です。

step 2　　　　〔　　月　　日〕

31 紙切り

目標時間は2分

分　　秒

Q 正方形の紙を，図のように点線を折り目にして折りました。この紙から斜線の部分を切り落として，残った部分を広げると，どのような図形になりますか。答えのところに，切り落とした部分を斜線にしてかき入れなさい。

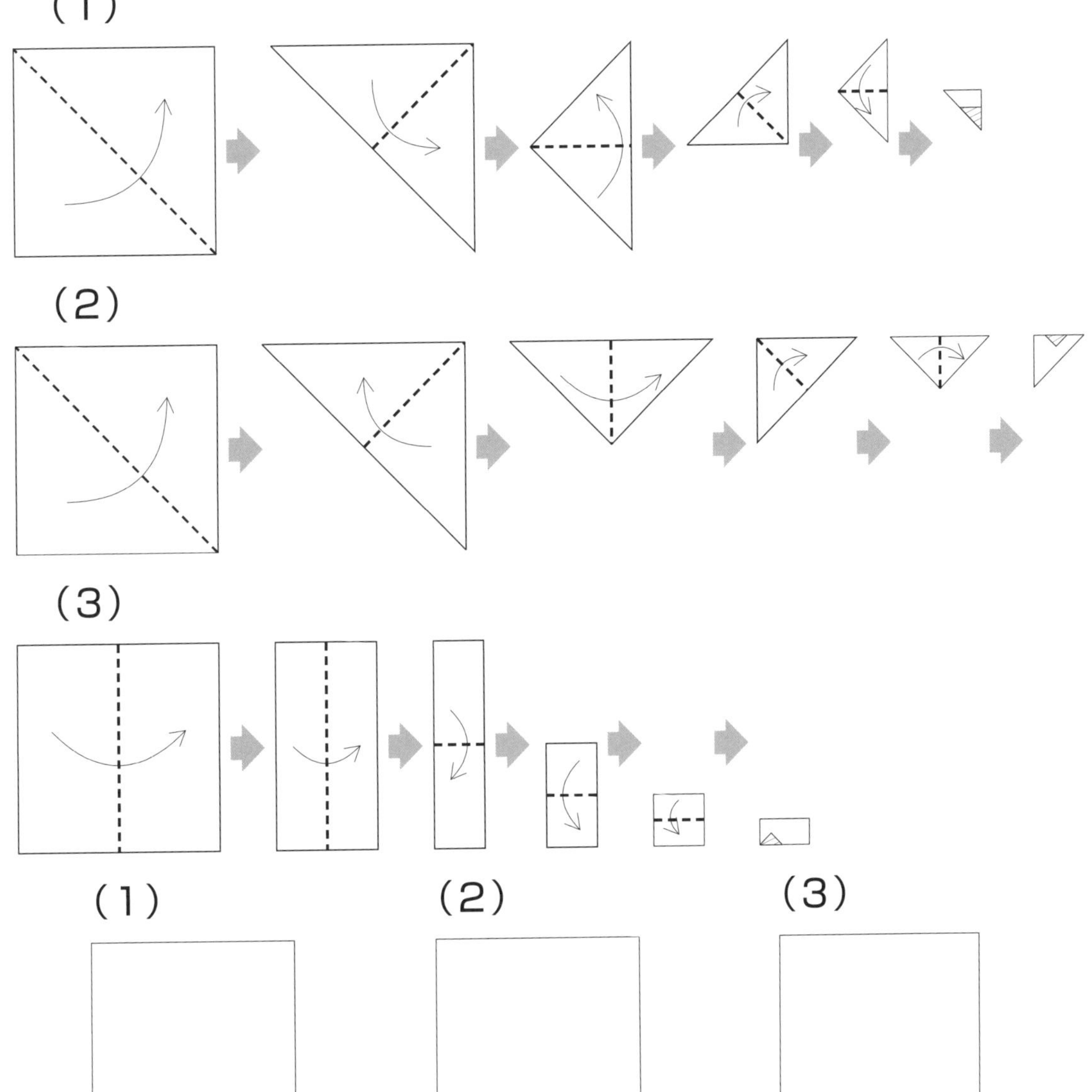

図形イメージのうち，「平面図形」に関する感覚を育成します。この分野は「対称」イメージを強化します。理解が難しい場合は折り紙などを使用し，実際にどうなるかを試しながら，実物練習とイメージ練習を相互に強化しましょう。

step 2

〔　　月　　日〕

32 回転図

目標時間は2分
分　　秒

Q 左の図を，まん中の黒点のところにはりをさして，
（1）は左に 90 度，（2）は左に 45 度，（3）は右に 90 度，
（4）は右に 45 度回転させた図を，右の図にかきましょう。

（1）　左に 90 度回転

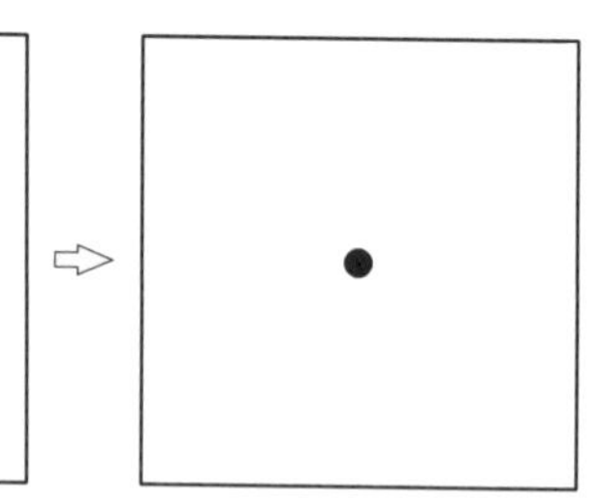

（2）　左に 45 度回転

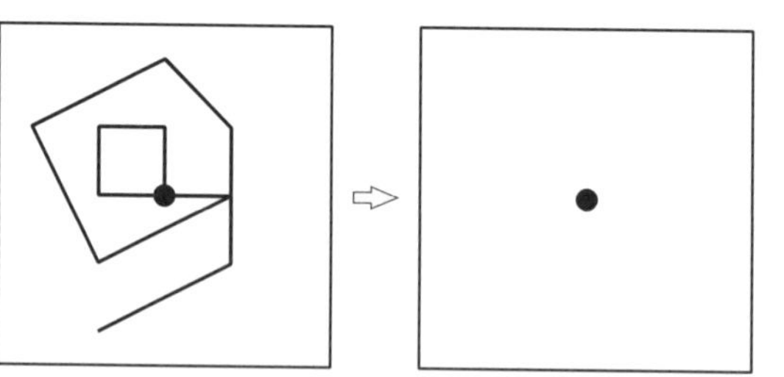

（3）　右に 90 度回転

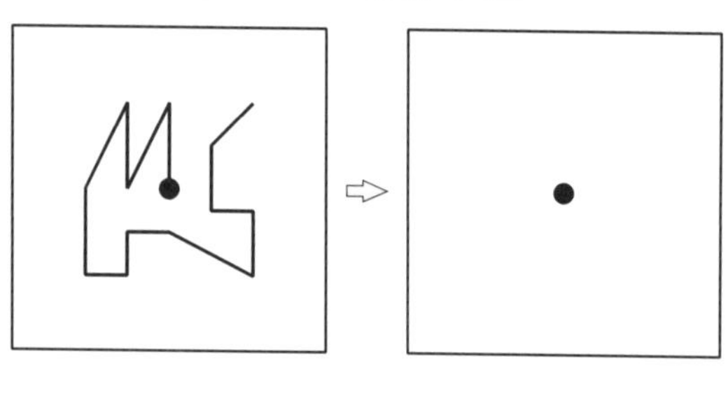

（4）　右に 45 度回転

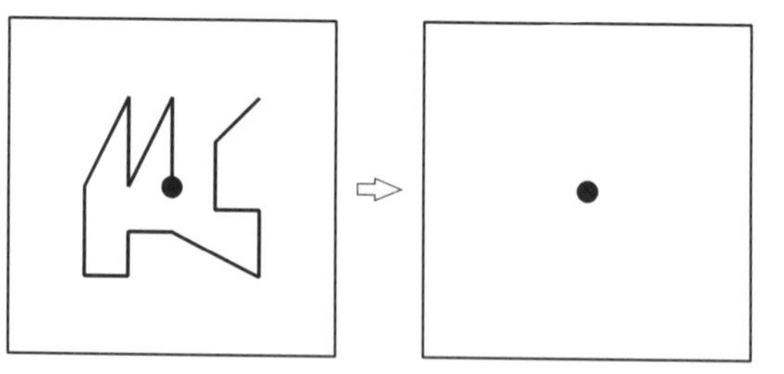

図形イメージのうち，「平面図形」に関する感覚を育成します。この分野は「回転」イメージを強化します。中心と図形の関係をとらえながら回転後のイメージ描写を練習します。難しい場合は実際に回転させて確認しましょう。

〔　　月　　日〕

33 タ イ ル

目標時間は2分

分　　秒

Q 斜線で表された図形の広さは，タイル何枚分ですか。
『三角形の面積の公式』を利用しないで求めましょう。

（1）

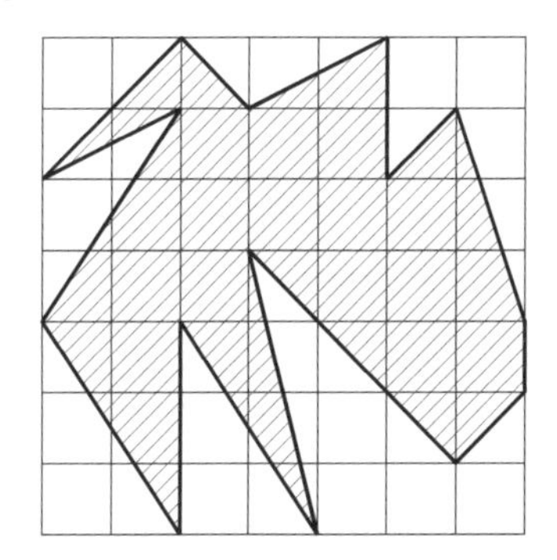

枚分

（2）

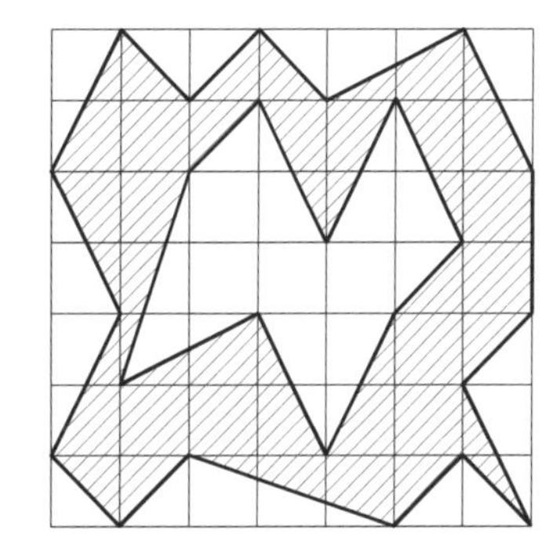

枚分

（3）

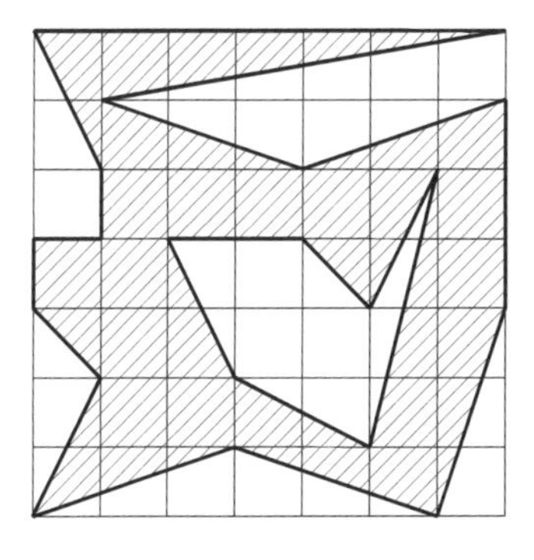

枚分

（4）

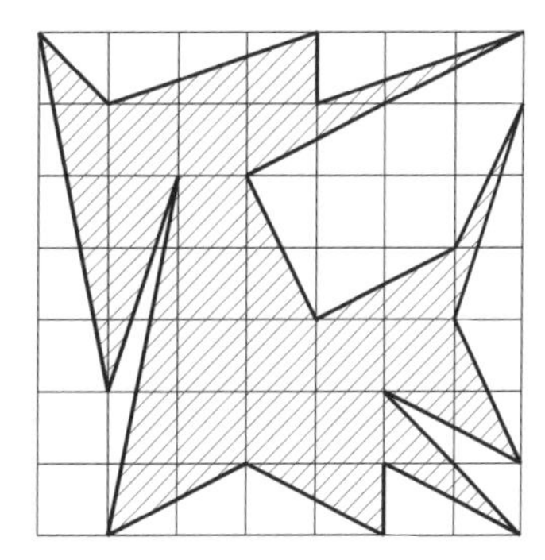

枚分

図形イメージのうち，「平面図形」と「数量」に関する感覚を育成します。三角形が四角形の半分であることを確認しましょう。三角形と四角形の関係に気づくと，より図形の理解が深まり，図形構成がイメージしやすくなります。

step 2

〔　　月　　日〕

34 投影図

目標時間は２分

分　　秒

Q 下の図は，立方体の積み木をきちんと重ねた立体を，正面，真上，右横から見た図です。
これについて，次の問いに答えなさい。

正面から見た図

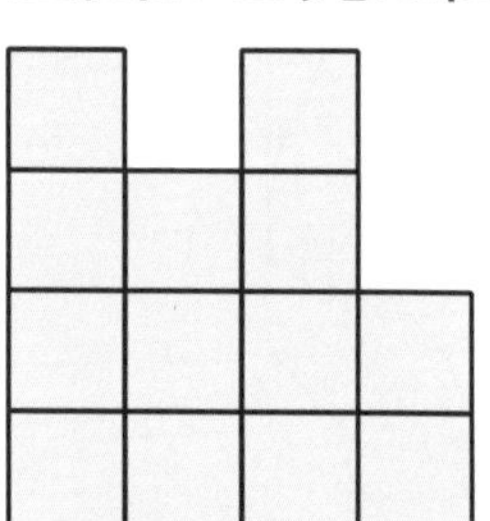

真上から見た図

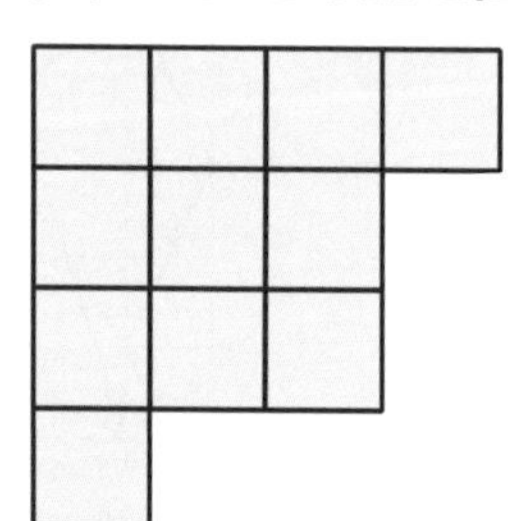

右横から見た図

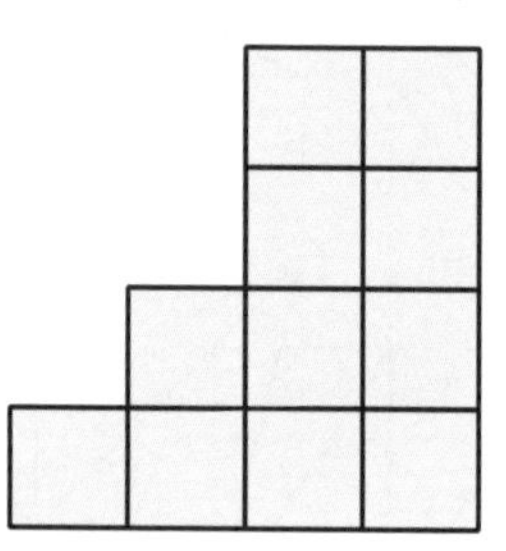

（１）　考えられる積み木の個数のうち，最も多い個数を答えなさい。

□個

（２）　考えられる積み木の個数のうち，最も少ない個数を答えなさい。

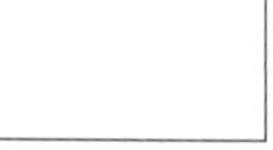個

図形イメージのうち，「立体図形」に関する感覚を育成します。様々な角度から図形をイメージする練習です。立体図形を指定された方向から見て，平面図形で表すトレーニングです。難しい場合は積み木などを使ってその方向から確認しましょう。

〔　　月　　日〕

35 積み木

目標時間は２分

分　　秒

Q 積み木を４つに分けてならべます。４つの積み木のうちで２番目に多い積み木は何個ですか。
(複雑な形は，頭の中で数えやすい形に移動してから数えましょう。)

(1)

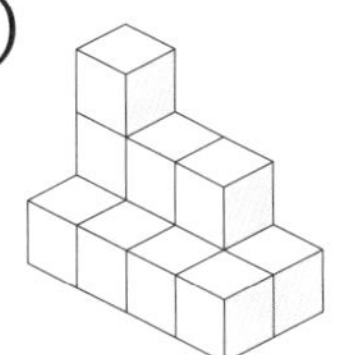
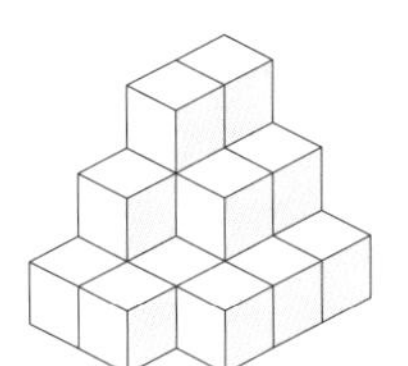
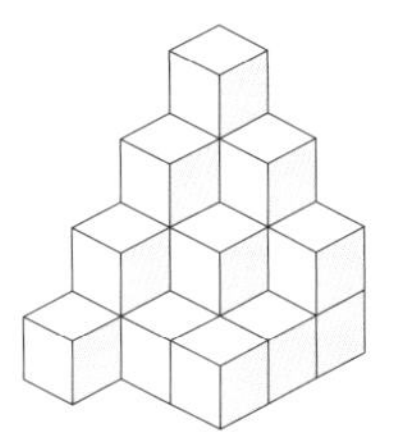
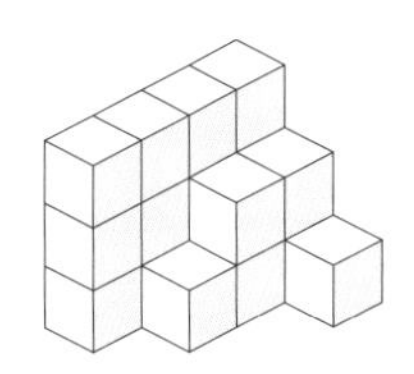

□個

(2)

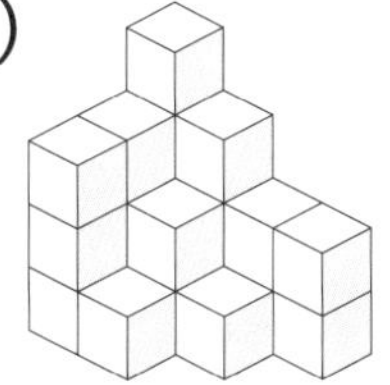
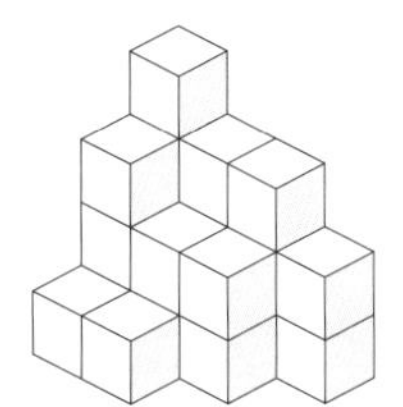
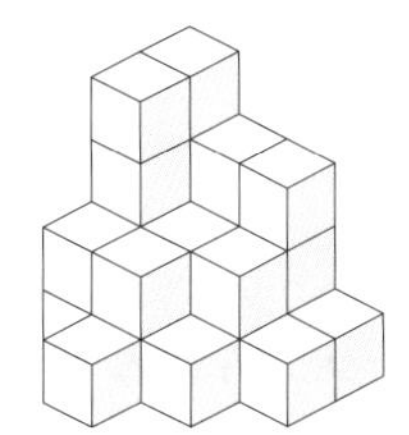
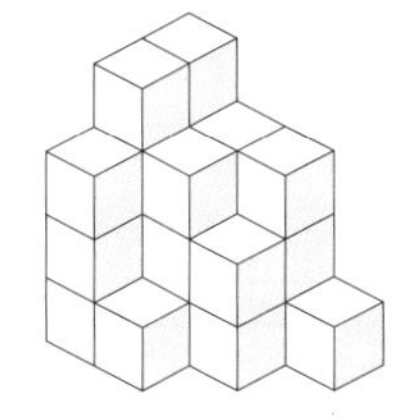

□個

(3)

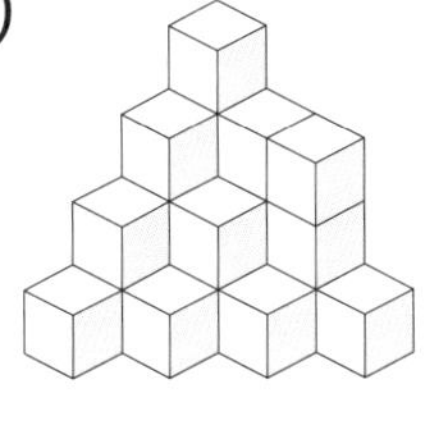
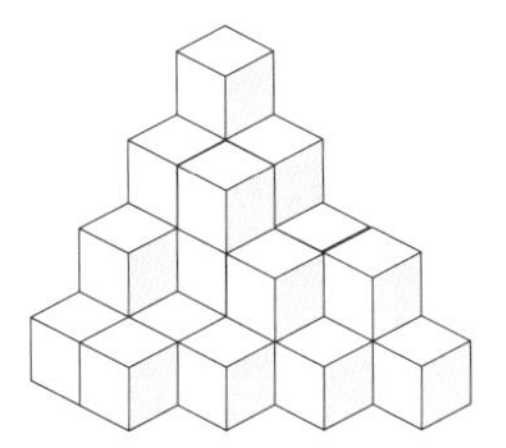
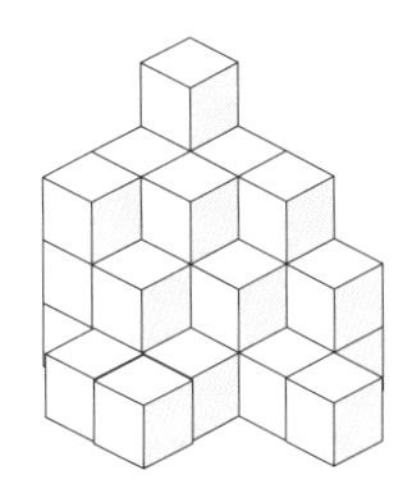
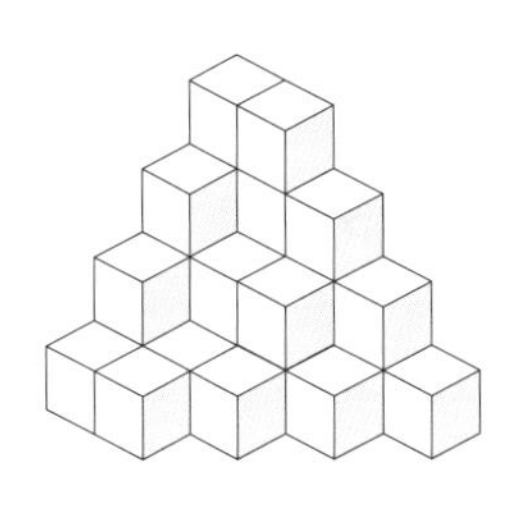

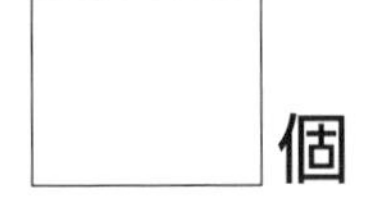

個

図形イメージのうち，「立体図形」に関する感覚を育成します。積み木の数を数える練習です。積み木を正確に数えることは立体図形を正しくイメージできていると言えます。また，数えやすい形などに工夫をすると一層強化されます。

step 2

〔　　月　　日〕

36 展開図

目標時間は2分

分　　秒

Q 右の図のような立体の展開図として正しいものはどれですか。ただし，太線は切り込みを，点線は折り目を表しています。

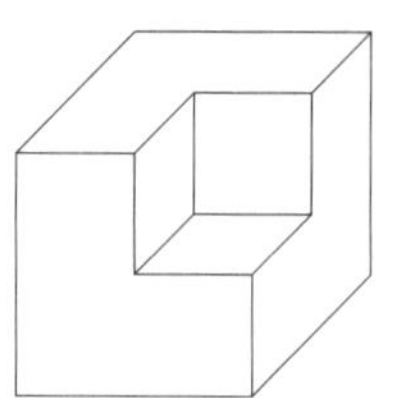

（1）

ア

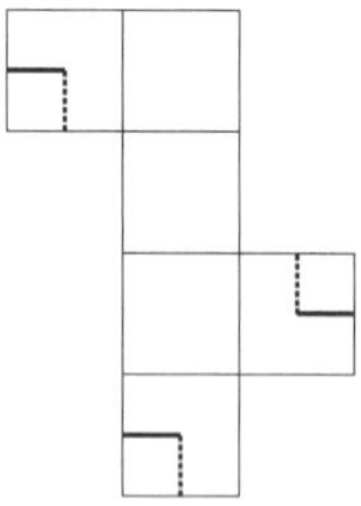

イ

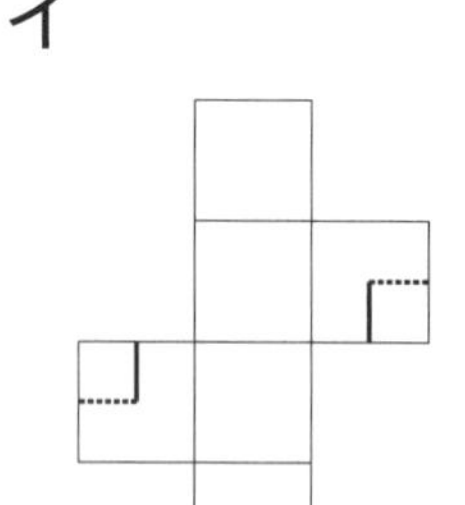

ウ

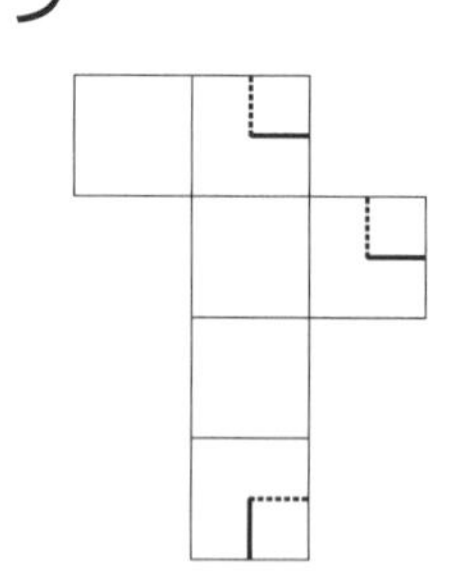

エ

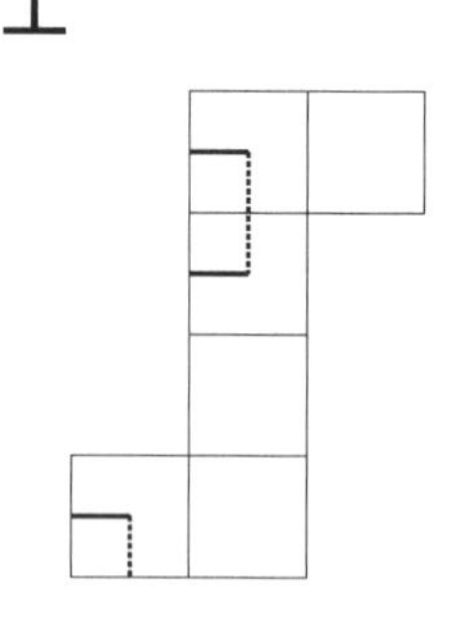

Q 右の図のような立体の展開図として正しいものはどれですか。ただし，太線は切り込みを，点線は折り目を表しています。

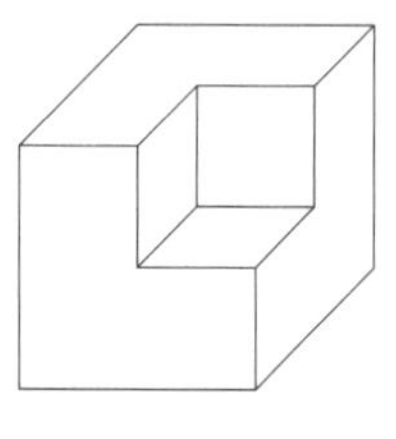

（2）

ア

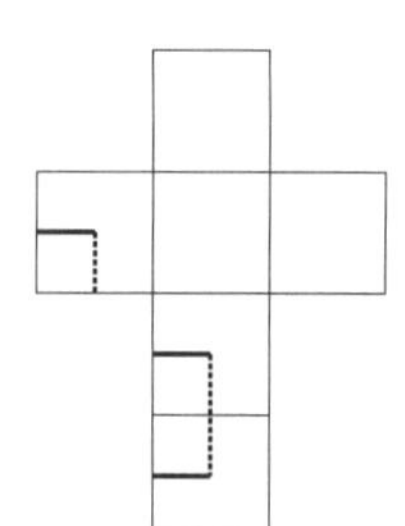

イ

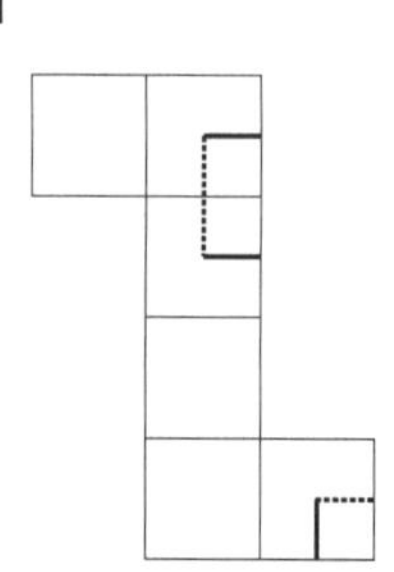

ウ

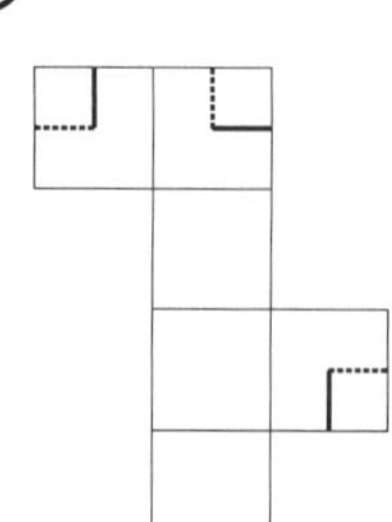

エ

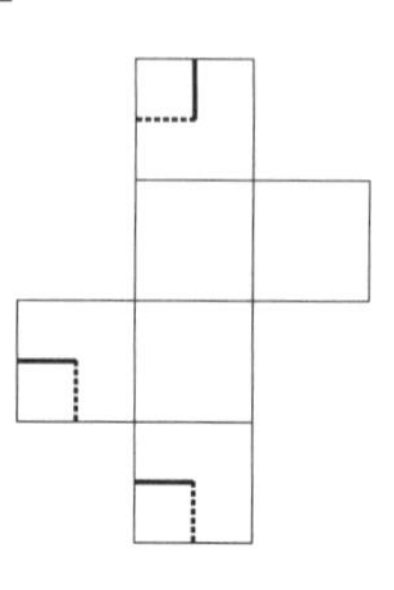

図形イメージのうち，「立体図形」に関する感覚を育成します。展開図は立体図形を組み立てる能力を鍛えます。それぞれの位置を確認しながら，組み立てるとどうなるか，実際の展開図を使って確認するとイメージを強化することができます。

〔　月　日〕

37 正八面体

目標時間は２分

分　秒

Q 下の正八面体の展開図を組み立てたとき，Aと平行になる面はB～Hのうちどれですか。

（1）

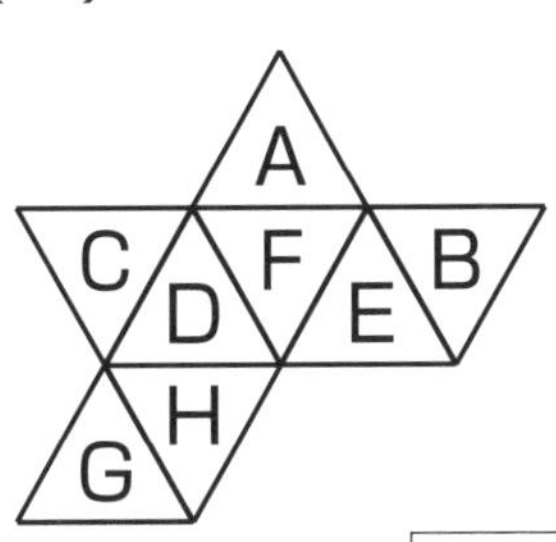

（2）

（3）

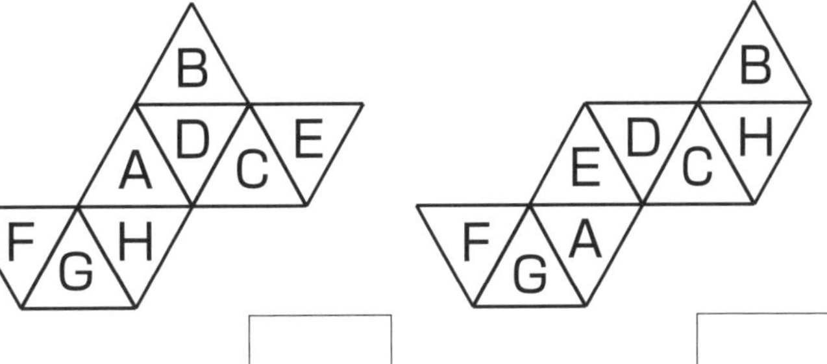

Q 図２は，図１の正八面体の展開図です。図１の面に書いてある「２」「３」の数字を数字の向きに注目して，図２の正しい位置に書き入れなさい。

図１

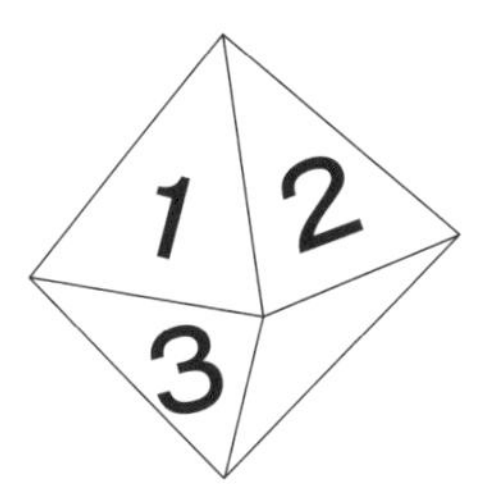

図２　（1）

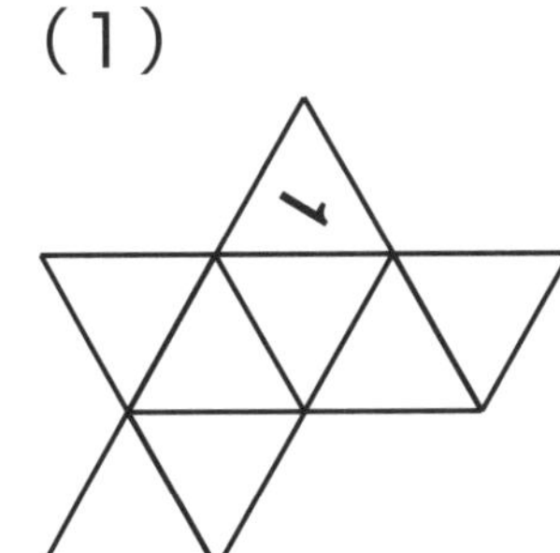

（2）

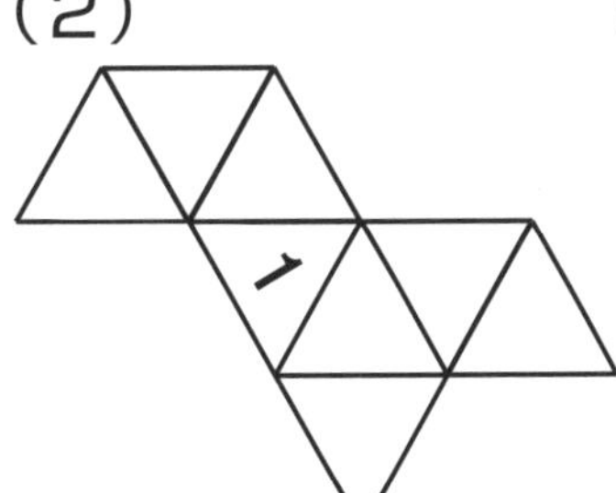

（3）

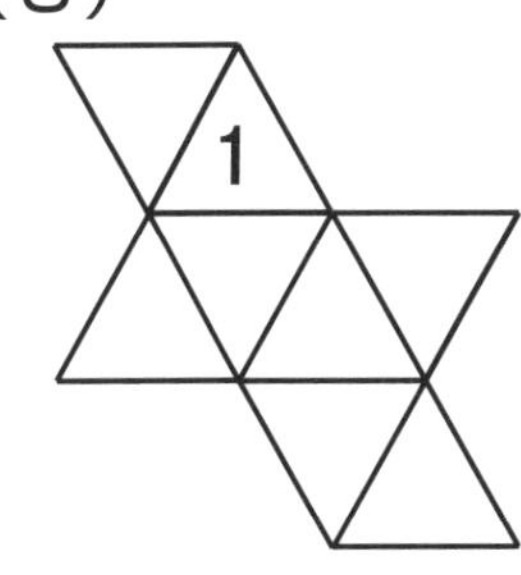

図形イメージのうち，「立体図形」に関する感覚を育成します。正八面体も展開図と同様，立体図形を組み立てる能力を鍛えます。図形の位置と構成を確認しながら，組み立てるとどうなるか，実際の展開図を使って確認するとイメージを強化することができます。

〔　　月　　日〕

38 サイコロころころ

目標時間は2分

分　　秒

Q 向かい合う面の和が7のサイコロを，
図のような位置から道にそって転がしていくと，
斜線の位置ではサイコロの上の面の数はいくつですか。

(1)

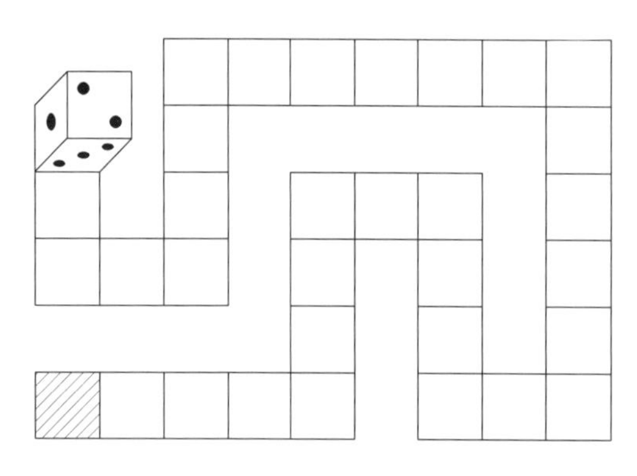

(2)

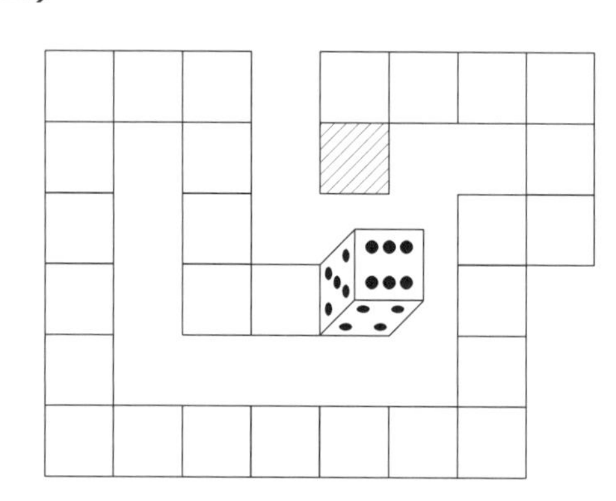

(3)

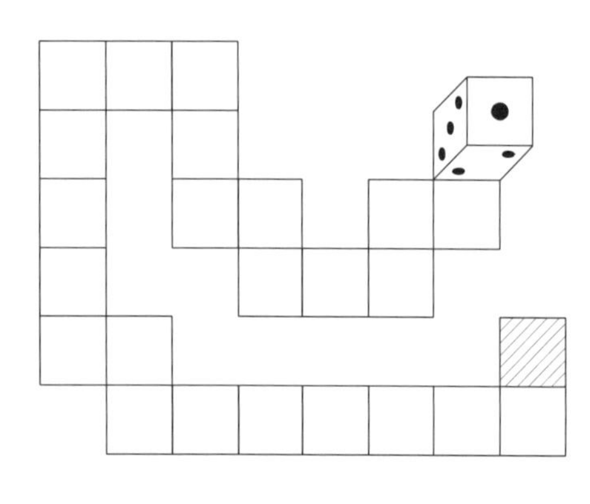

(4)

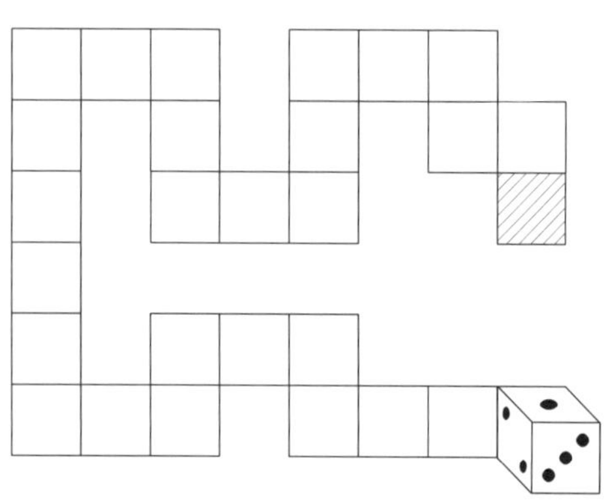

図形イメージのうち，「立体図形」に関する感覚を育成します。この分野は「立体回転」イメージを強化します。立体図形の回転は高度なイメージが必要ですが，回転する様子を分析するための基本になります。難しい場合は実物で研究しましょう。

〔　　月　　日〕

39 穴あけ

目標時間は２分

分　　秒

Q 216個の小さい立方体を積み重ねて，大きい立方体をつくり，この大きい立方体に向かい側までつき抜ける穴を黒丸の位置からあけることにします。
このとき，穴があいた小さい立方体は何個できますか。

個

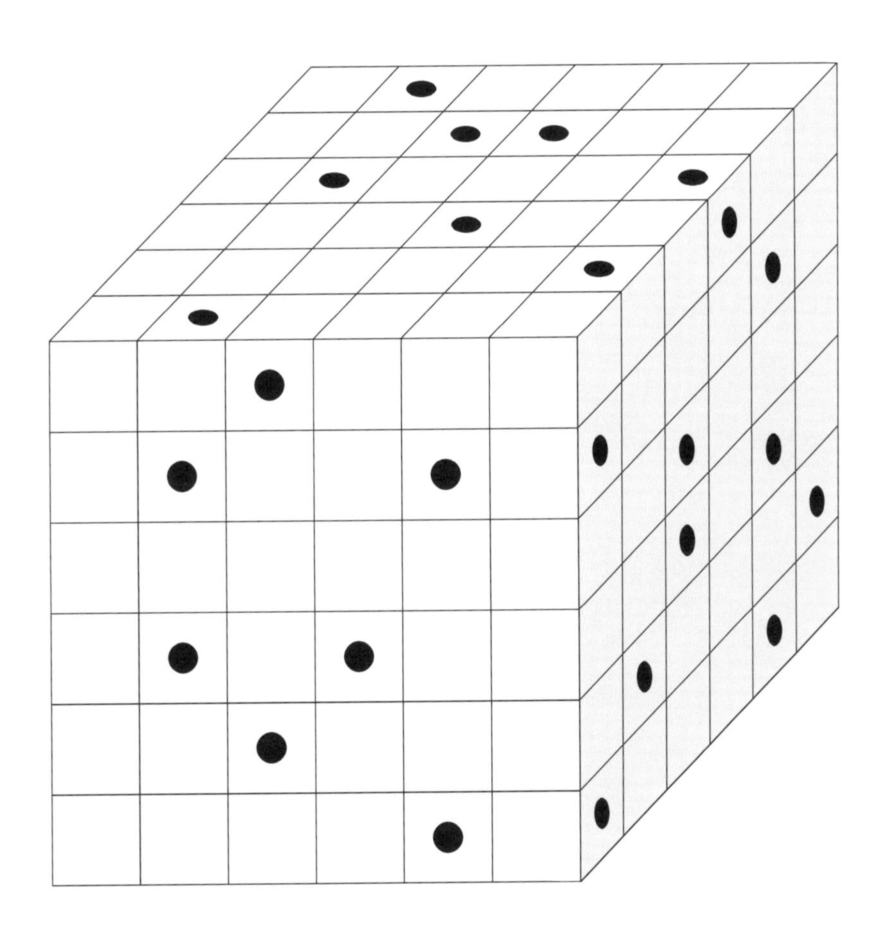

図形イメージのうち，「立体図形」に関する感覚を育成します。この分野は「分解」イメージを強化します。それぞれの積み木を分解し，図形の構成を見極め条件整理をします。じっくりイメージし粘り強く考えましょう。

step2

〔　　月　　日〕

40 回転体

目標時間は２分

分　　秒

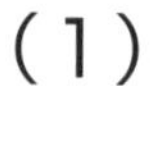

次の各平面図形を回転軸の周りに回転させてできた立体図形をかきなさい。ただし，図形上の直線が回転軸を表しています。

（1）　（答え）

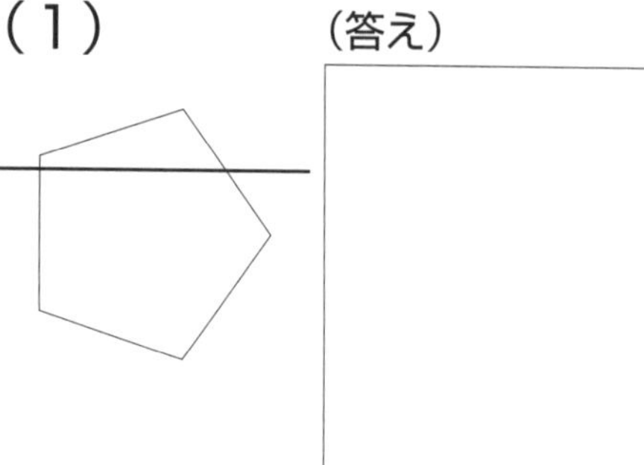

（2）　（答え）

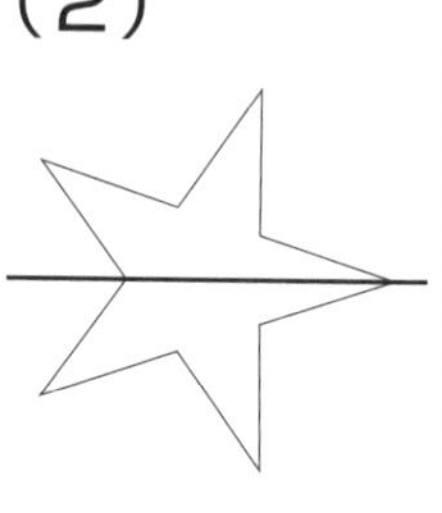

（3）　（答え）

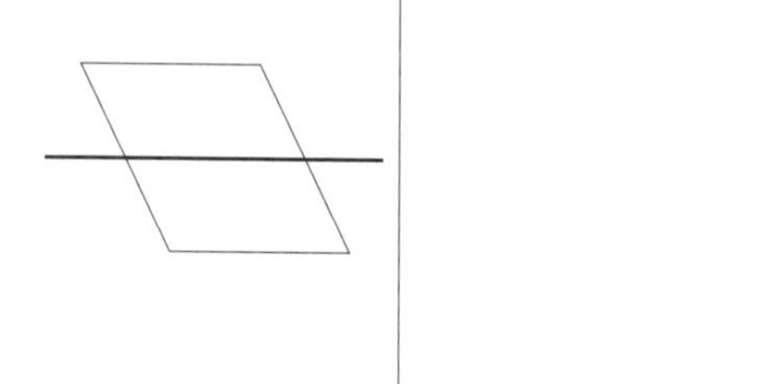

（4）　（答え）

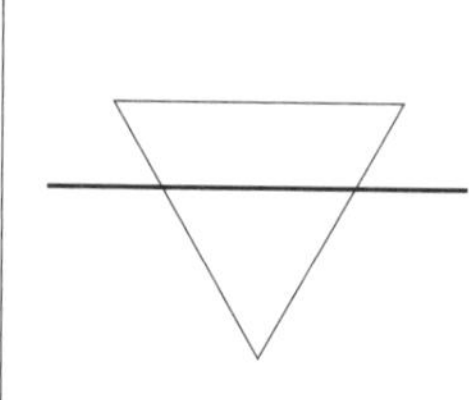

（5）　（答え）

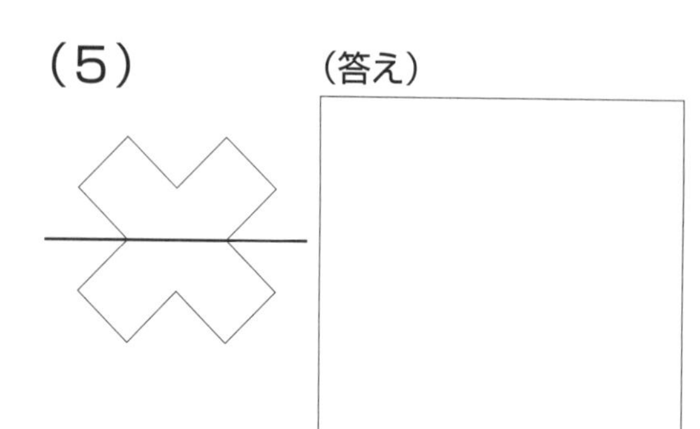

図形イメージのうち，「立体図形」に関する感覚を育成します。平面図形を指定された軸で回転させイメージする練習です。図形の軌跡を正確にとらえながら，全体がどうなるかを考えましょう。解答となる図形以外もイメージできるようにしましょう。

41 切断

目標時間は2分
分　秒

Q 下の立方体の見取図の点線をなぞって完成させ，次に黒点(●)を通る平面で立方体を切断したときの切り口の図をかきこみなさい。また，切り口の図形の名前も答えなさい。

(1)

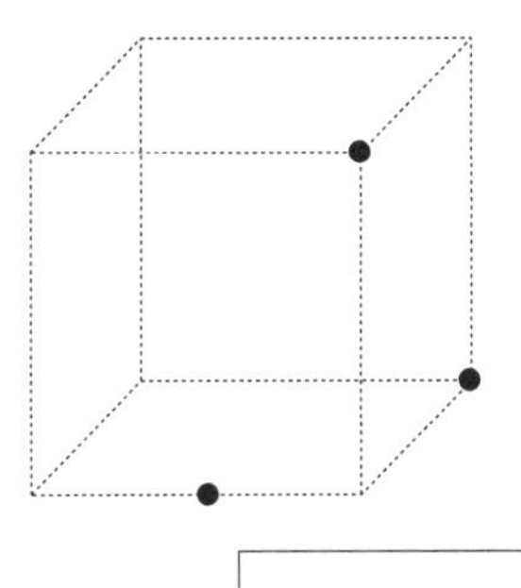

(2)

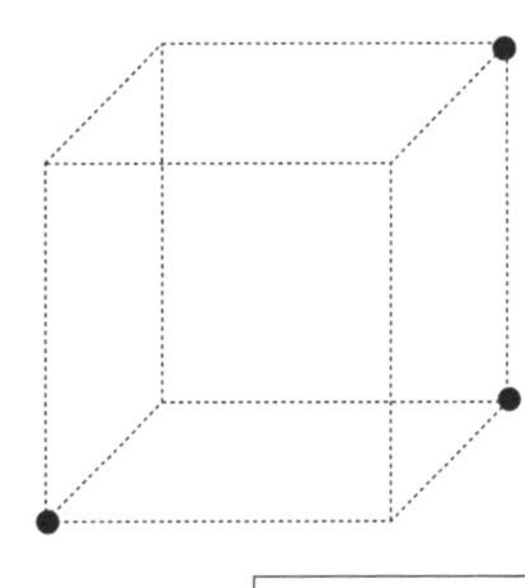

(3)

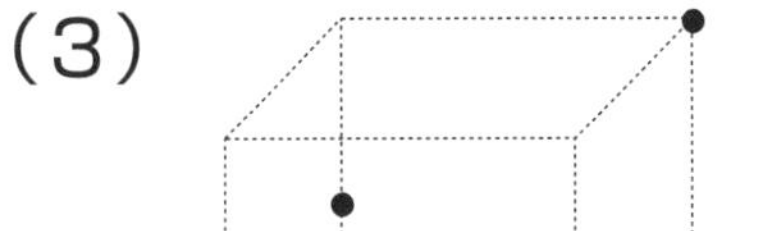

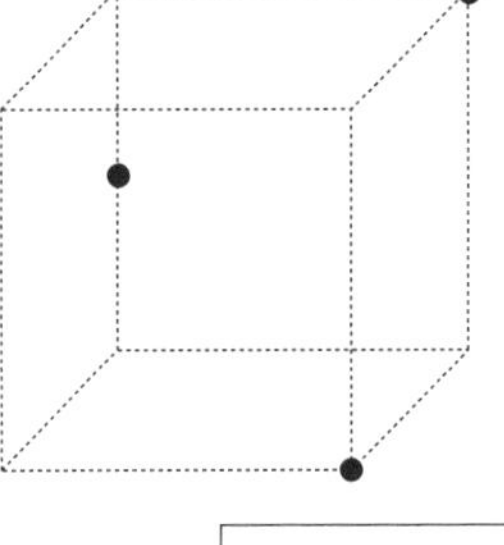

(4)

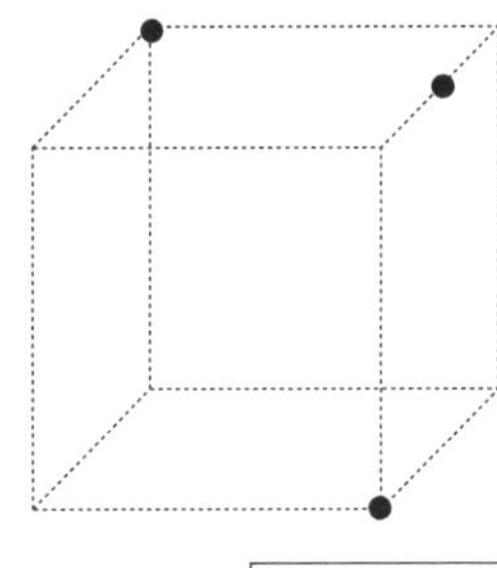

(5)

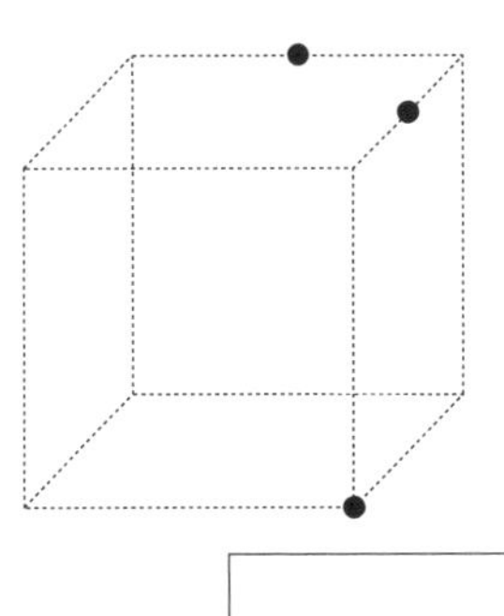

(6)

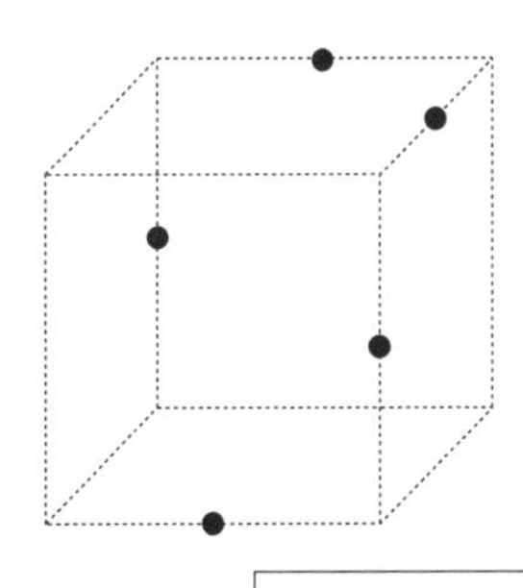

図形イメージのうち，「立体図形」に関する感覚を育成します。「切断」イメージを強化します。立体を切断しながら，図形の構成を確認する練習です。難しい場合は，切断面を作図しながら考えましょう。

〔　　月　　日〕

42 切断 スペシャル

目標時間は2分

分　　秒

Q 図のような125個の小さな立方体を積み重ねた立方体があります。この立方体を図の4点A，B，C，Dを通る平面で切ると，何個の小さな立方体を切断することになりますか。

個

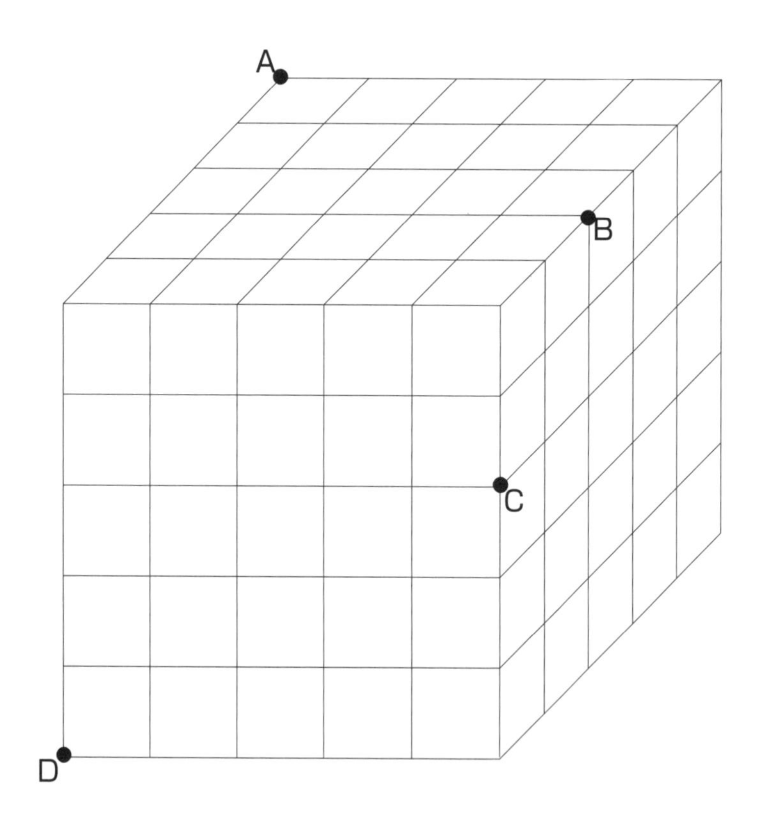

図形イメージのうち，「立体図形」に関する感覚を育成します。「切断」イメージを強化します。立体を切断しながら，図形の構成を確認する練習です。難しい場合は，切断面を作図しながら考えましょう。

step 2

〔　　月　　日〕

43 点描写選択

目標時間は30秒

分　　秒

Q お手本と同じ図を１～４の中から１つだけさがして，番号で答えましょう。

ただし，お手本にない場合は５と答えましょう。

（お手本）

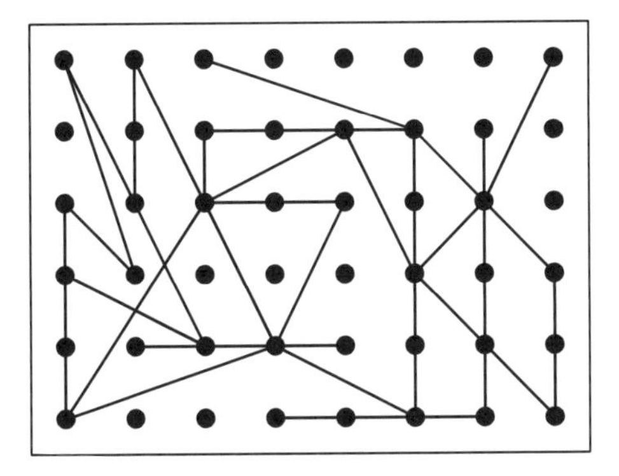

1.

2.

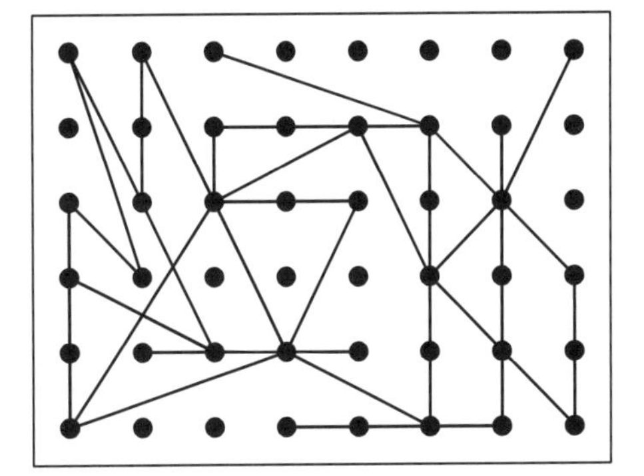

3.

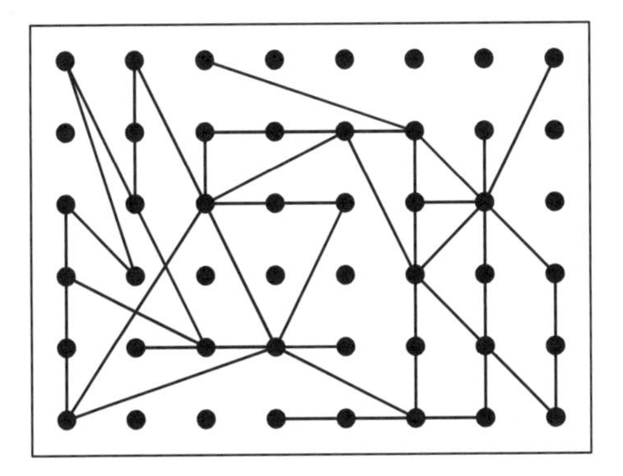

4.

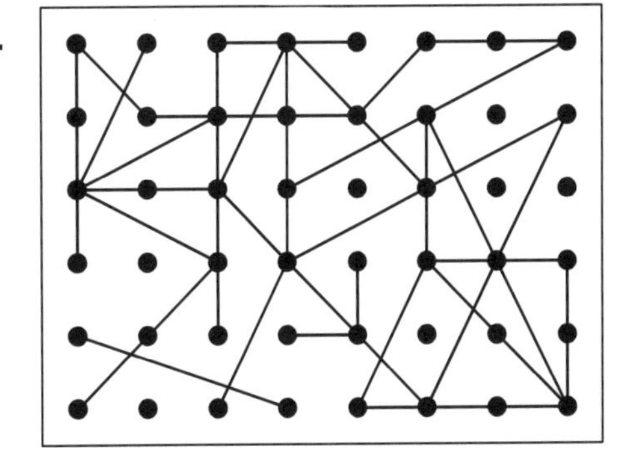

図形イメージを強化する「基盤トレーニング」です。

〔　　月　　日〕

44 回転点描写スペシャル

目標時間は１分30秒

分　　秒

Q 左の図を 180 度回転させたものと同じになるように，右の図に点を結びなさい。

（1）

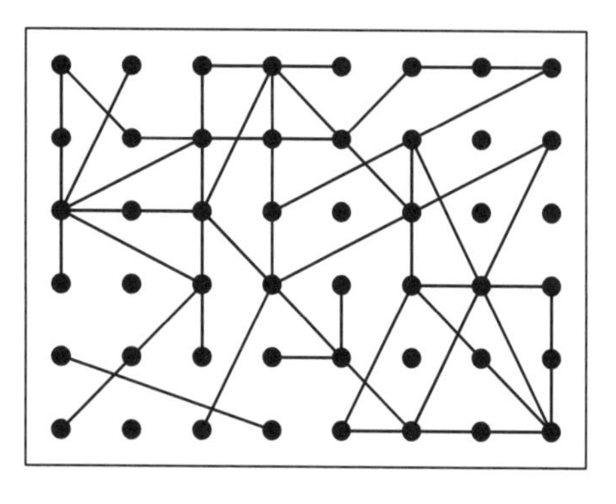

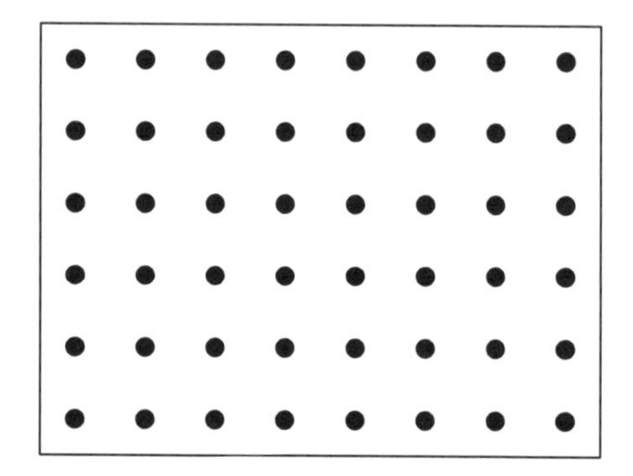

（2）

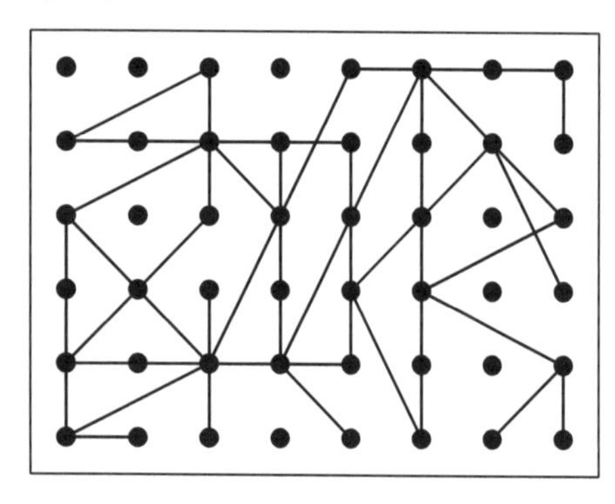

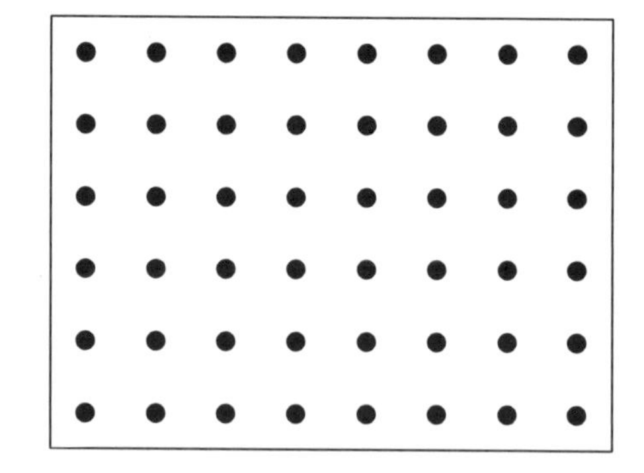

（3）

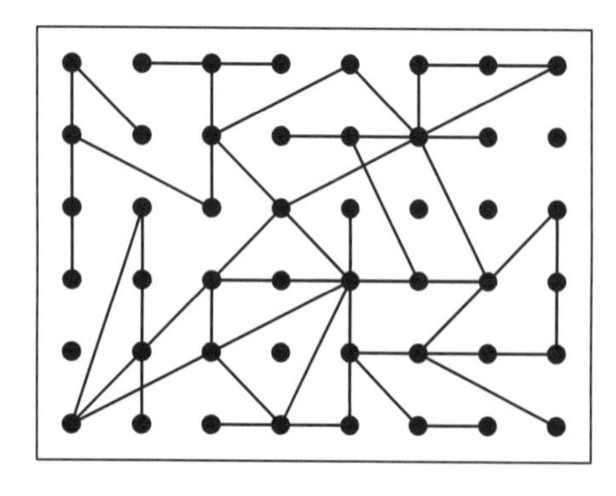
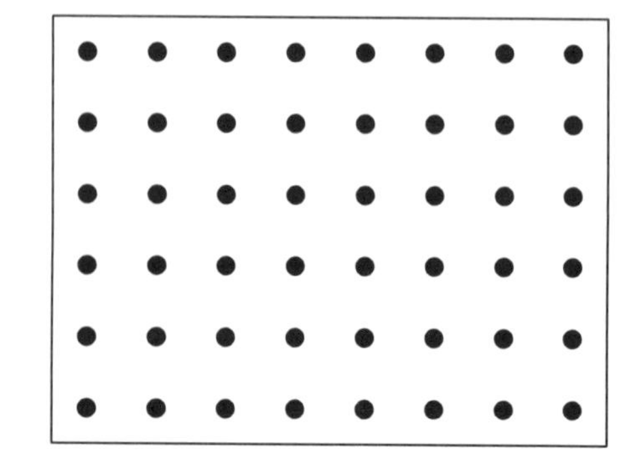

図形イメージを強化する「基盤トレーニング」です。

〔　　月　　日〕

45 紙切り

目標時間は２分

分　　秒

Q 正方形の紙を，図のように点線を折り目にして折りました。この紙から斜線の部分を切り落として，残った部分を広げると，どのような図形になりますか。答えのところに，切り落とした部分を斜線にしてかき入れなさい。

（1）

（2）

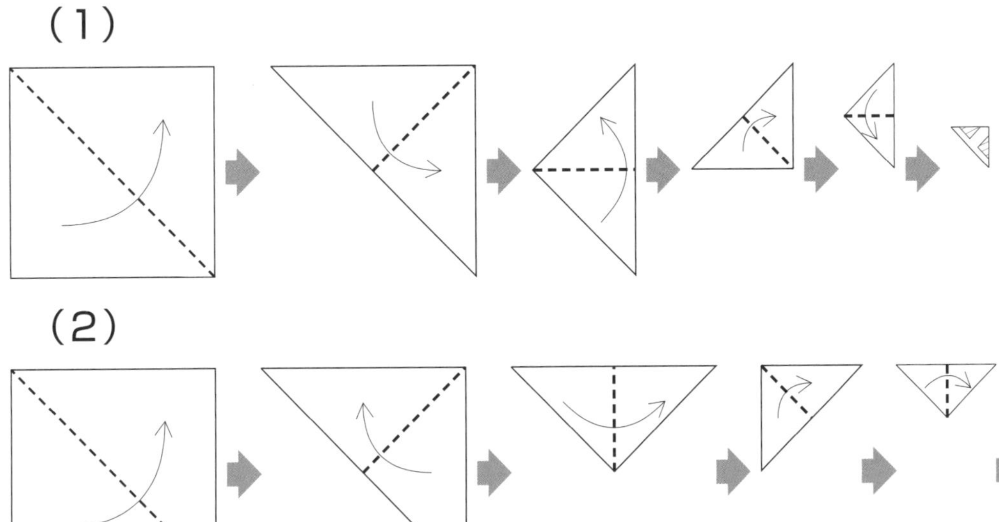

（3）

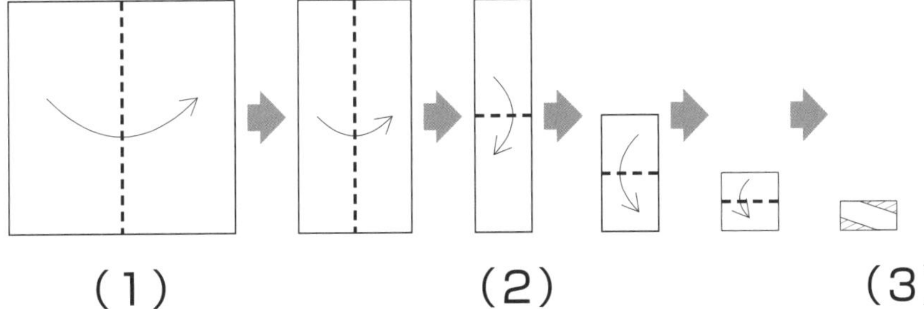

（1）　（2）　（3）

図形イメージのうち，「平面図形」に関する感覚を育成します。この分野は「対称」イメージを強化します。理解が難しい場合は折り紙などを使用し，実際にどうなるかを試しながら，実物練習とイメージ練習を相互に強化しましょう。

step 2

〔　　月　　日〕

46 回転図

目標時間は2分

分　　秒

Q 左の図を，まん中の黒点のところにはりをさして，
（1）は左に 90 度，（2）は左に 45 度，（3）は右に 90 度，
（4）は右に 45 度回転させた図を，右の図にかきましょう。

（1）　左に 90 度回転

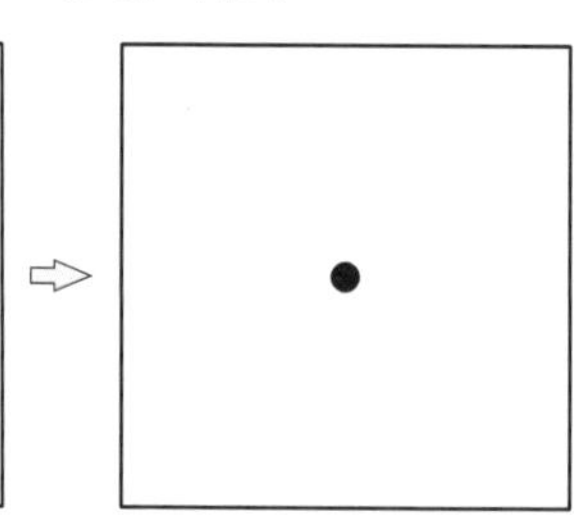

（2）　左に 45 度回転

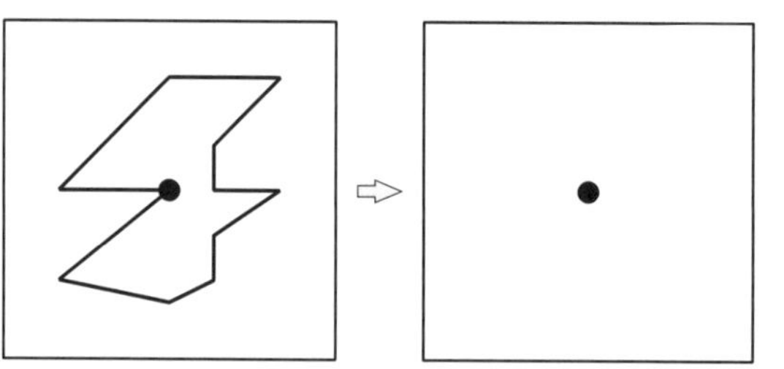

（3）　右に 90 度回転

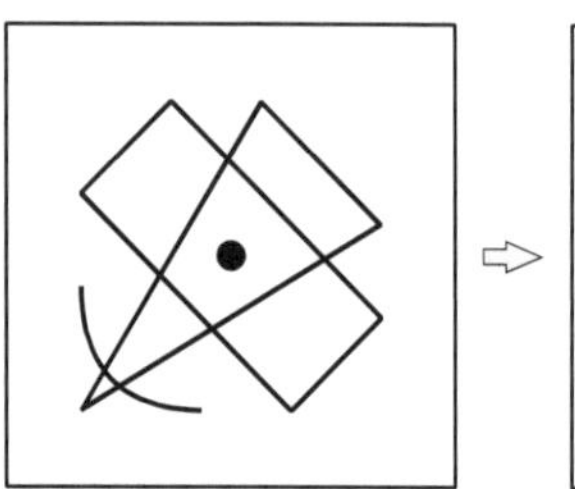

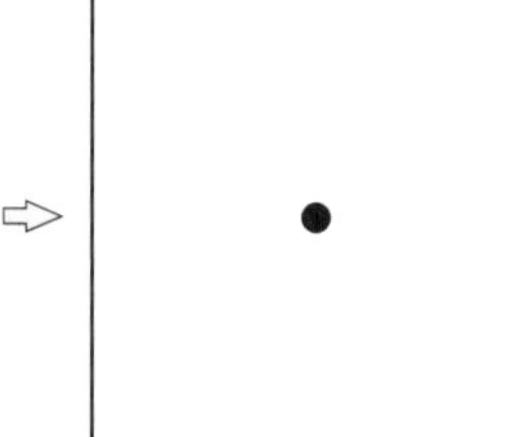

（4）　右に 45 度回転

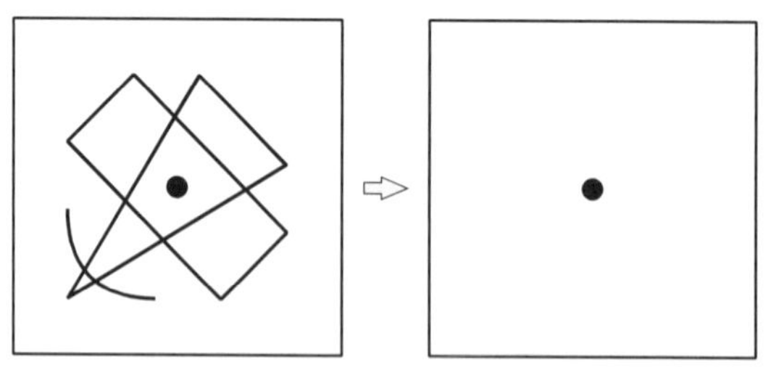

図形イメージのうち，「平面図形」に関する感覚を育成します。この分野は「回転」イメージを強化します。中心と図形の関係をとらえながら回転後のイメージ描写を練習します。難しい場合は実際に回転させて確認しましょう。

step2

〔　　月　　日〕

47 タイル

目標時間は２分

分　　秒

Q 斜線(しゃせん)で表(あらわ)された図形(ずけい)の広(ひろ)さは，タイル何枚分(なんまいぶん)ですか。
『三角形(さんかくけい)の面積(めんせき)の公式(こうしき)』を利用(りよう)しないで求(もと)めましょう。

（1）

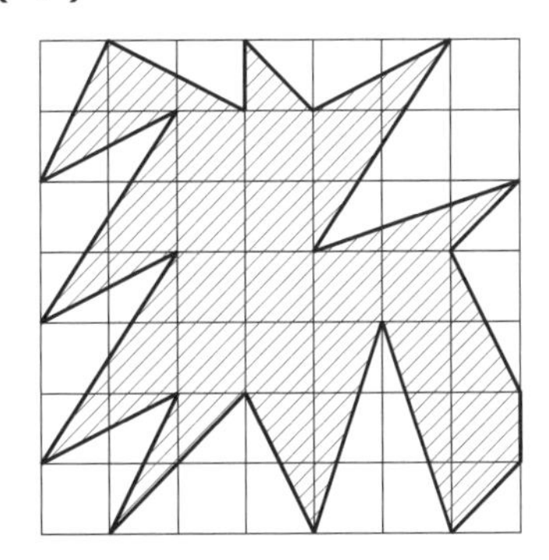

□枚分

（2）

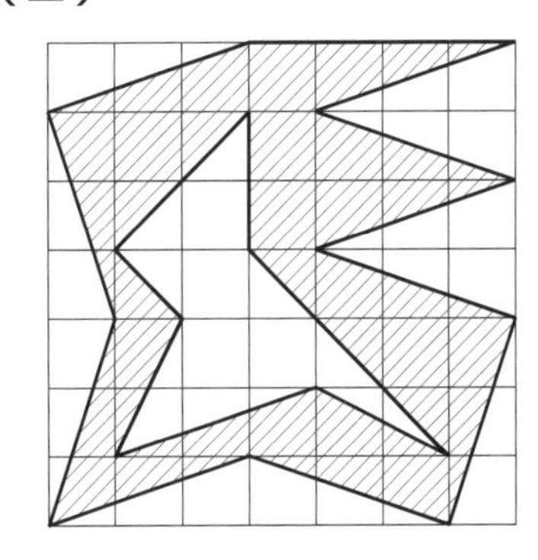

□枚分

（3）

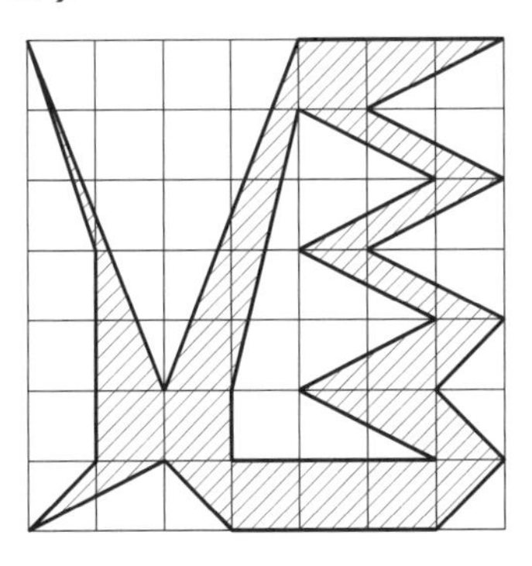

□枚分

（4）

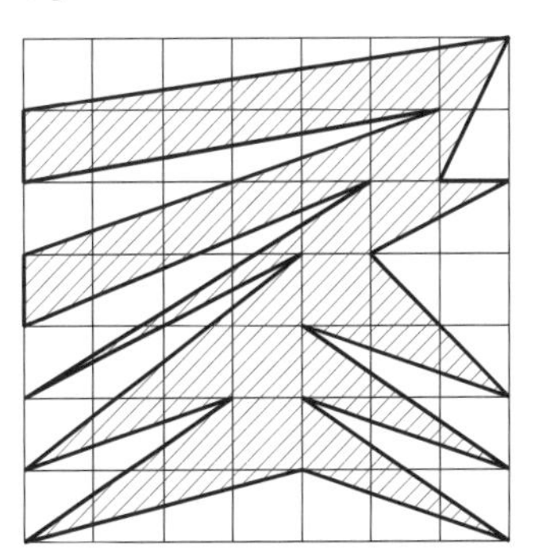

□枚分

図形イメージのうち，「平面図形」と「数量」に関する感覚を育成します。三角形が四角形の半分であることを確認しましょう。三角形と四角形の関係に気づくと，より図形の理解が深まり，図形構成がイメージしやすくなります。

〔　　月　　日〕

48 投影図

目標時間は2分

分　　秒

Q 下の図は，立方体の積み木をきちんと重ねた立体を，正面，真上，右横から見た図です。
これについて，次の問いに答えなさい。

正面から見た図

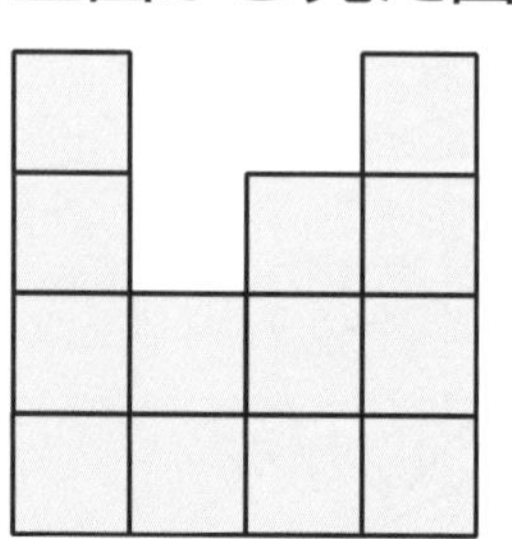

真上から見た図

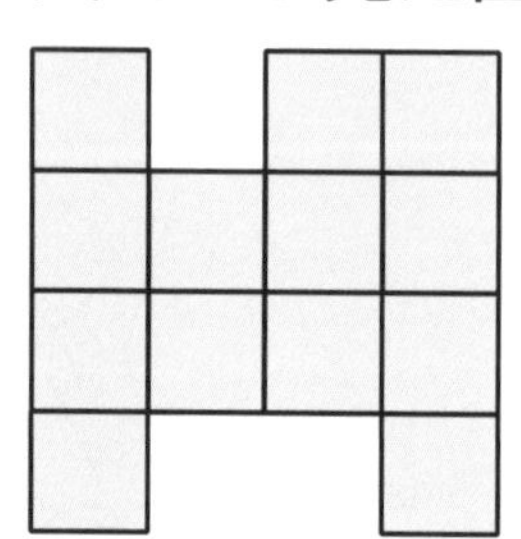

右横から見た図

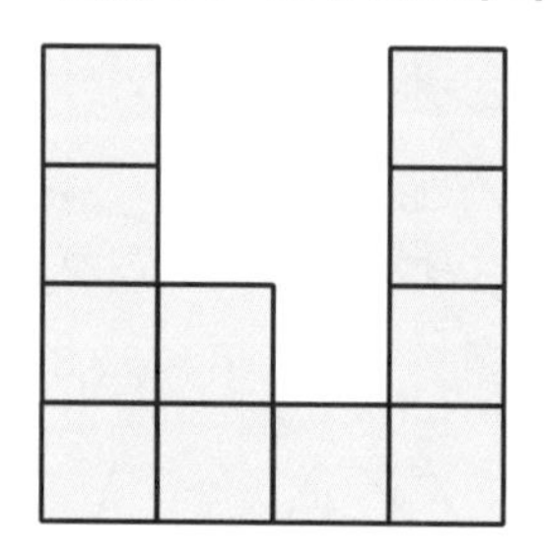

（1） 考えられる積み木の個数のうち，最も多い個数を答えなさい。

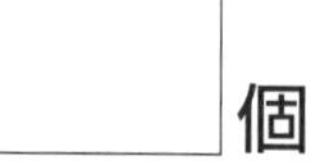

個

（2） 考えられる積み木の個数のうち，最も少ない個数を答えなさい。

個

図形イメージのうち，「立体図形」に関する感覚を育成します。様々な角度から図形をイメージする練習です。立体図形を指定された方向から見て，平面図形で表すトレーニングです。難しい場合は積み木などを使ってその方向から確認しましょう。

〔　　月　　日〕

49 積み木

目標時間は２分

分　　秒

Q 積み木を４つに分けてならべます。４つの積み木のうちで２番目に多い積み木と３番目に多い積み木の差は何個ですか。（複雑な形は，頭の中で数えやすい形に移動してから数えましょう。）

（1）

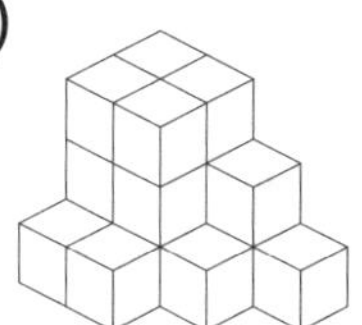 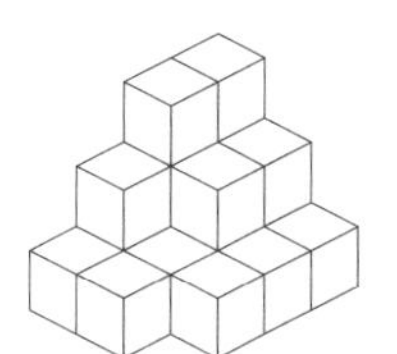 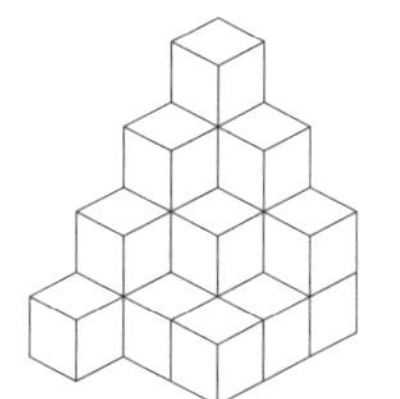 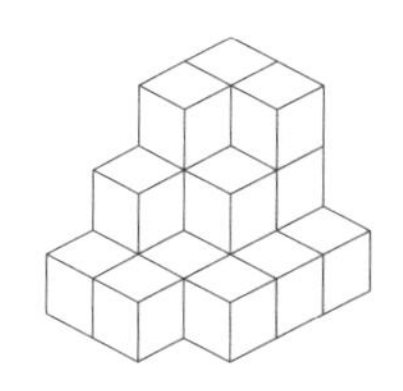

□個

（2）

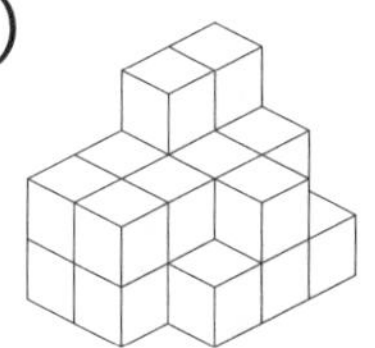 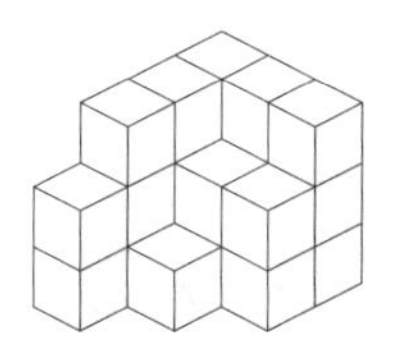 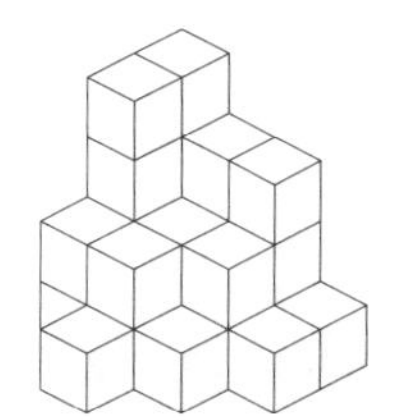 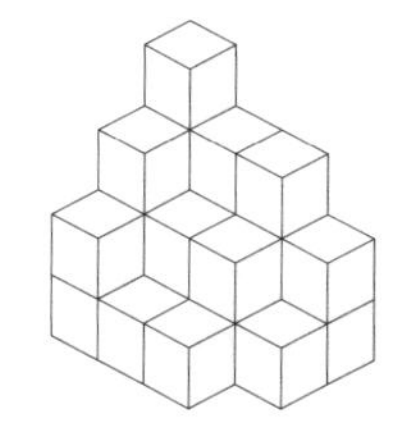

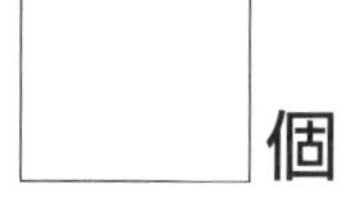個

（3）

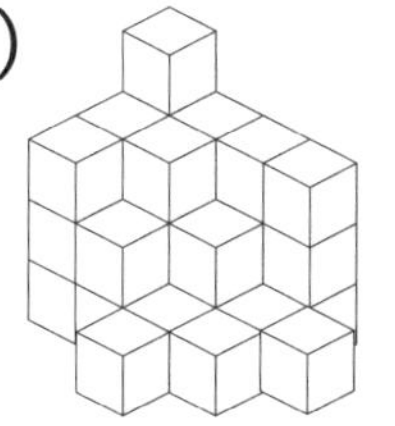 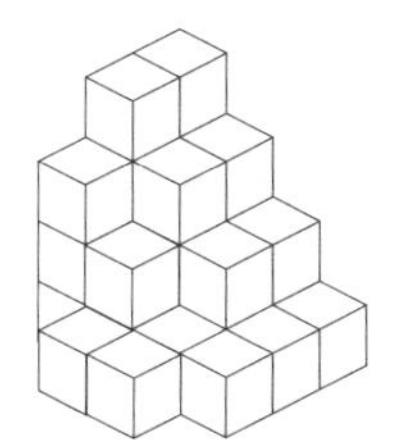 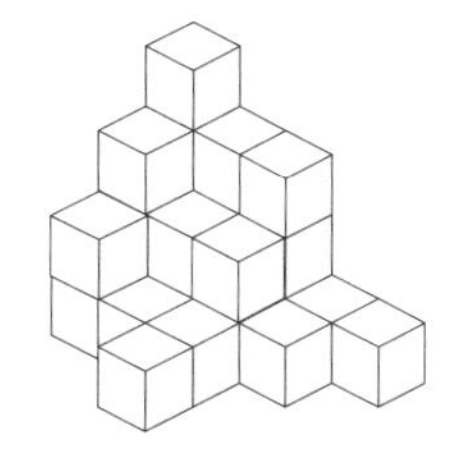 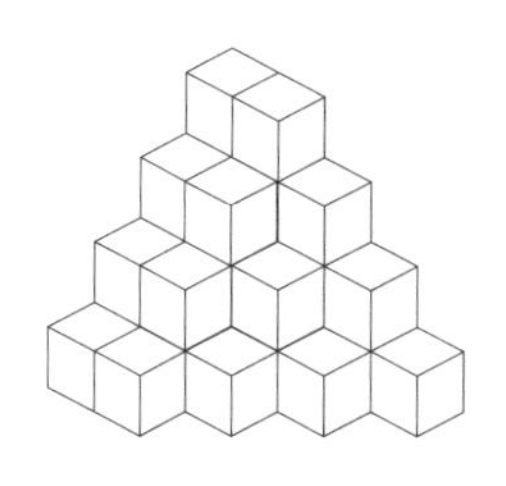

個

図形イメージのうち，「立体図形」に関する感覚を育成します。積み木の数を数える練習です。積み木を正確に数えることは立体図形を正しくイメージできていると言えます。また，数えやすい形などに工夫をすると一層強化されます。

50 展開図

目標時間は２分

分　　秒

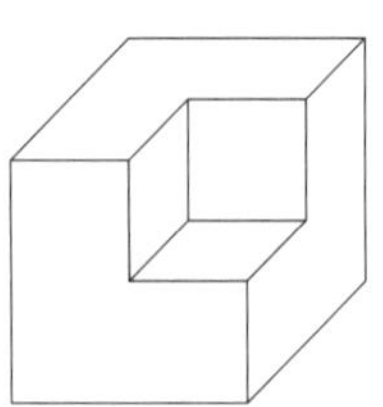

Q 右の図のような立体の展開図として正しいものはどれですか。ただし，太線は切り込みを，点線は折り目を表しています。

（１）

ア　イ　ウ　エ

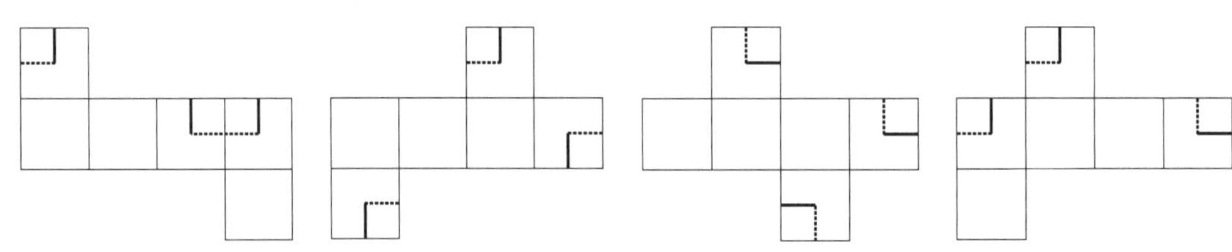

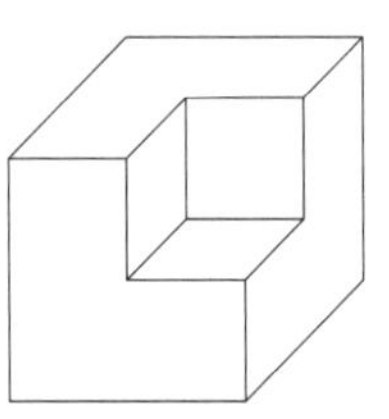

Q 右の図のような立体の展開図として正しいものはどれですか。ただし，太線は切り込みを，点線は折り目を表しています。

（２）

ア　イ　ウ　エ

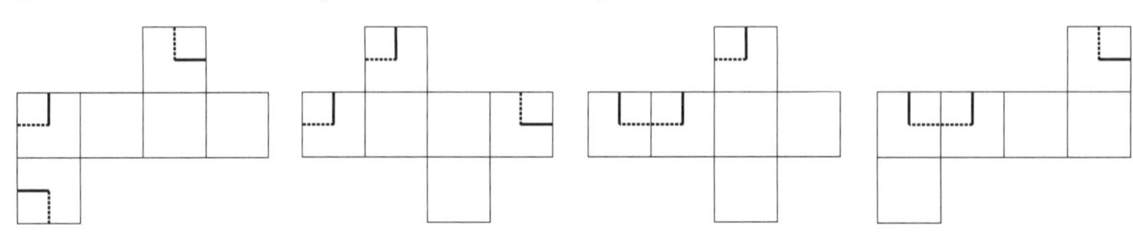

図形イメージのうち，「立体図形」に関する感覚を育成します。展開図は立体図形を組み立てる能力を鍛えます。それぞれの位置を確認しながら，組み立てるとどうなるか，実際の展開図を使って確認するとイメージを強化することができます。

51 正八面体

目標時間は2分

分　　秒

Q 下の正八面体の展開図を組み立てたとき，Aと平行になる面はB～Hのうちどれですか。

（1）

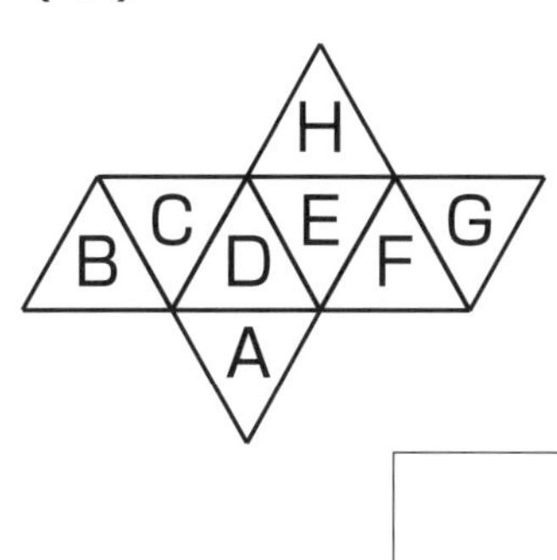

（2）

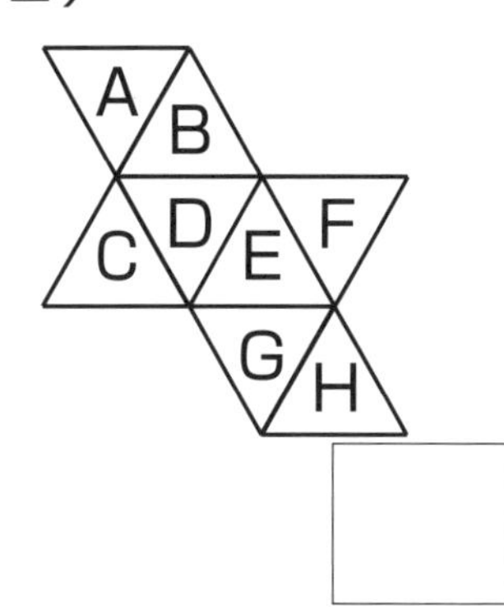

（3）

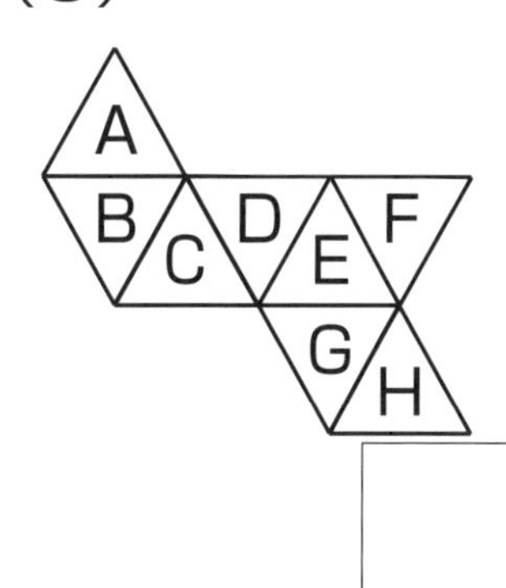

Q 図2は，図1の正八面体の展開図です。図1の面に書いてある「2」「3」の数字を数字の向きに注目して，図2の正しい位置に書き入れなさい。

図1

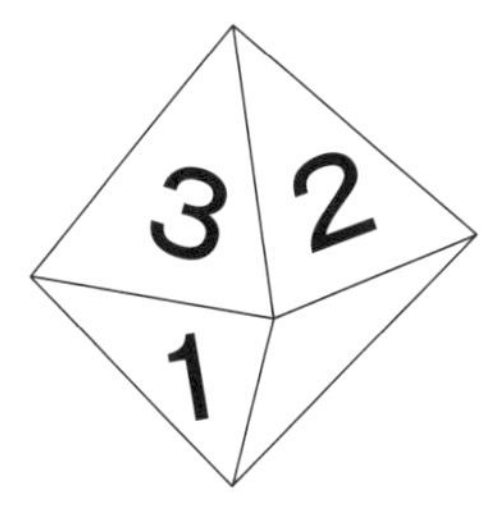

図2　（1）

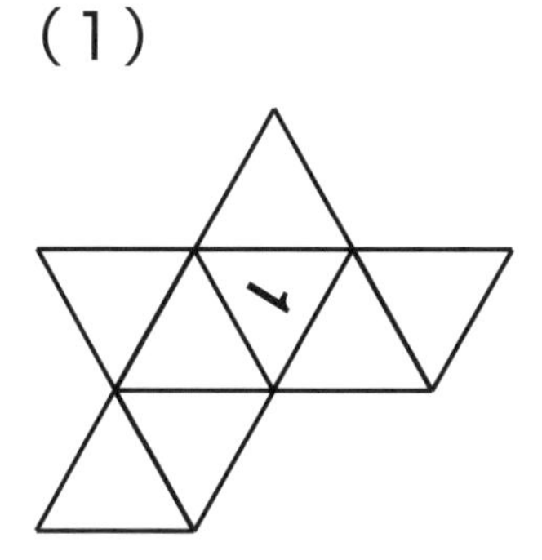

（2）

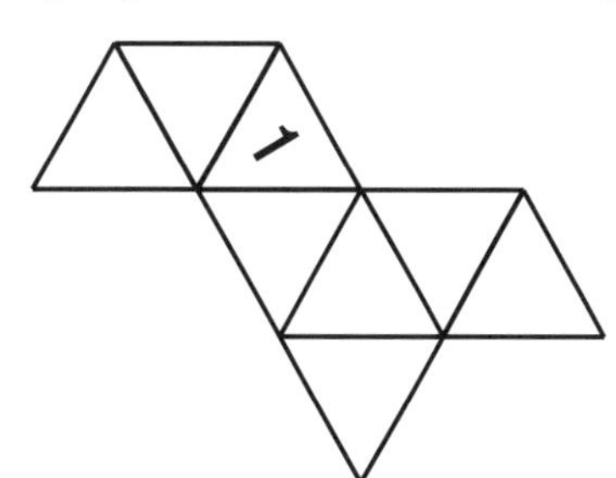

（3）

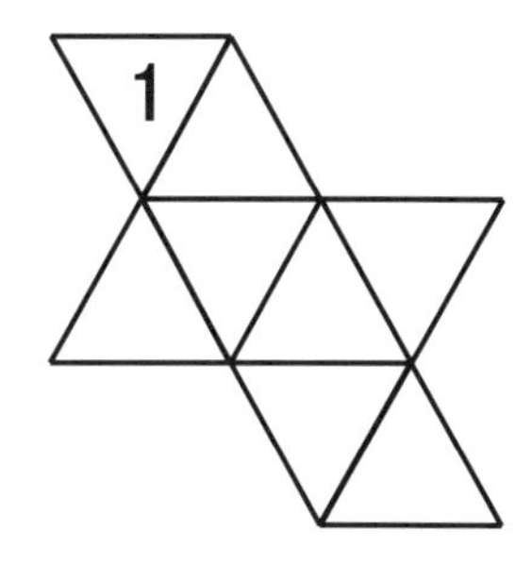

図形イメージのうち，「立体図形」に関する感覚を育成します。正八面体も展開図と同様，立体図形を組み立てる能力を鍛えます。図形の位置と構成を確認しながら，組み立てるとどうなるか，実際の展開図を使って確認するとイメージを強化することができます。

step 2　　　　〔　　月　　日〕

52 サイコロころころ

目標時間は２分
分　　秒

Q 向かい合う面の和が７のサイコロを，
図のような位置から道にそって転がしていくと，
斜線の位置ではサイコロの上の面の数はいくつですか。

（1）

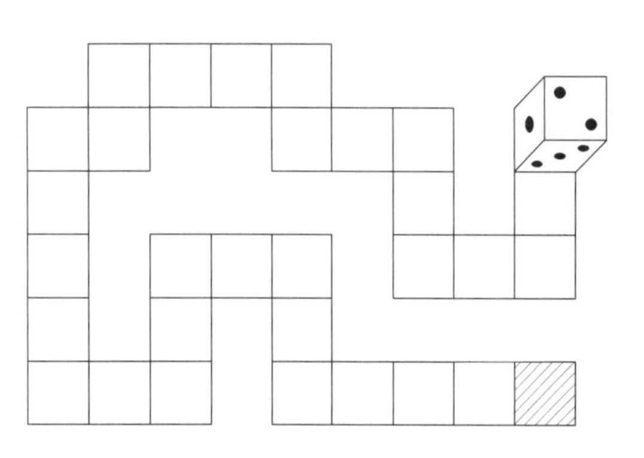

（2）

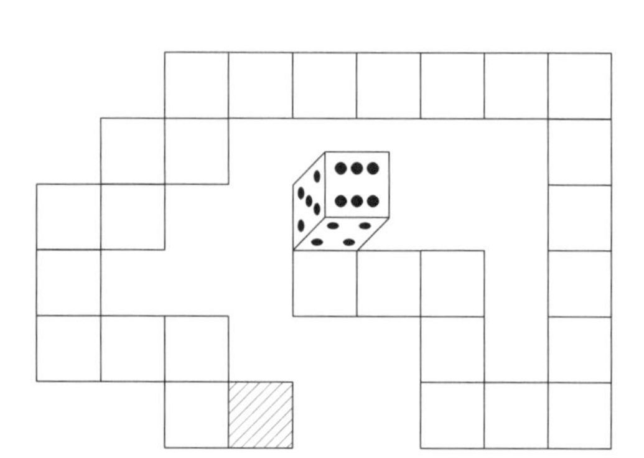

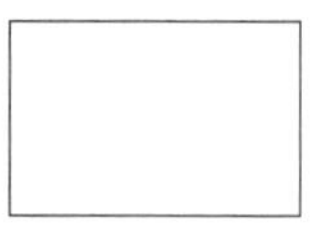

（3）

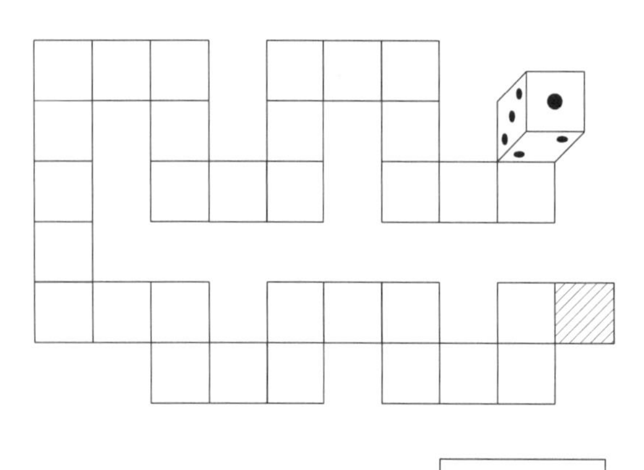

（4）

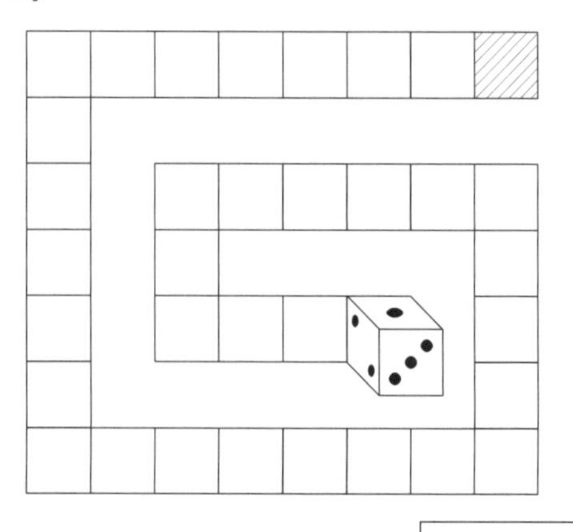

図形イメージのうち，「立体図形」に関する感覚を育成します。この分野は「立体回転」イメージを強化します。立体図形の回転は高度なイメージが必要ですが，回転する様子を分析するための基本になります。難しい場合は実物で研究しましょう。

〔　　月　　日〕

53 穴あけ

目標時間は２分

分　　秒

Q 216個の小さい立方体を積み重ねて，大きい立方体をつくり，この大きい立方体に向かい側までつき抜ける穴を黒丸の位置からあけることにします。
このとき，穴があいた小さい立方体は何個できますか。

個

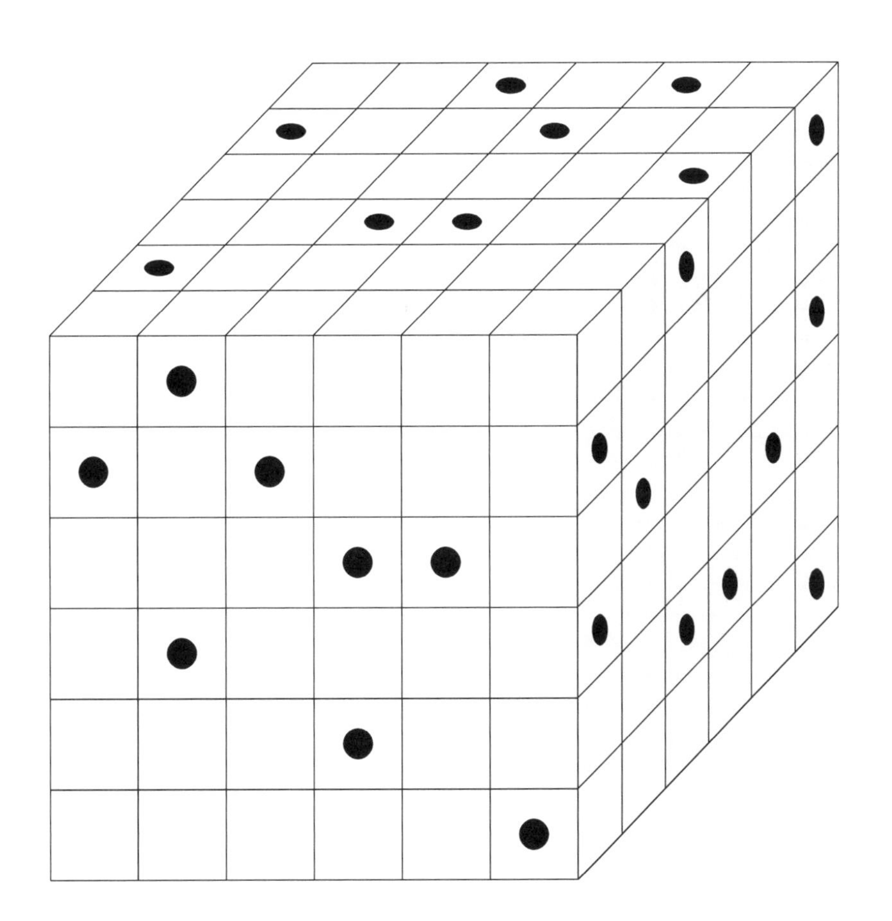

図形イメージのうち，「立体図形」に関する感覚を育成します。この分野は「分解」イメージを強化します。それぞれの積み木を分解し，図形の構成を見極め条件整理をします。じっくりイメージし粘り強く考えましょう。

step 2

〔　　月　　日〕

54 回転体

目標時間は2分

分　　秒

Q 次の各平面図形を回転軸の周りに回転させてできた立体図形をかきなさい。ただし，図形上の直線が回転軸を表しています。

（1）（答え）

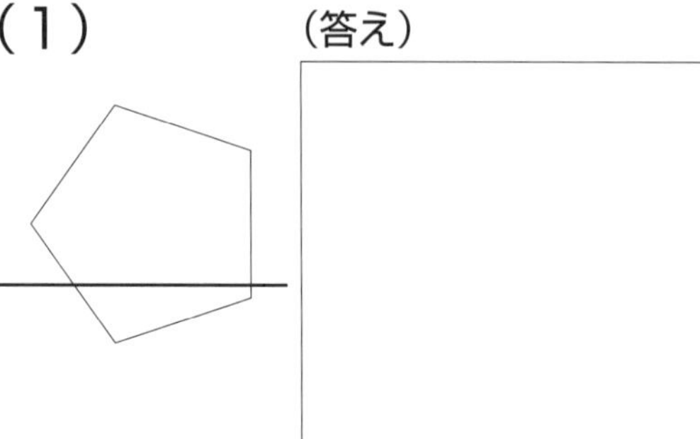

（2）（答え）

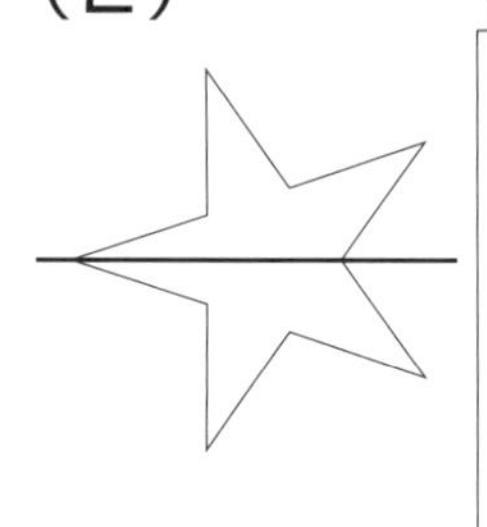

（3）（答え）

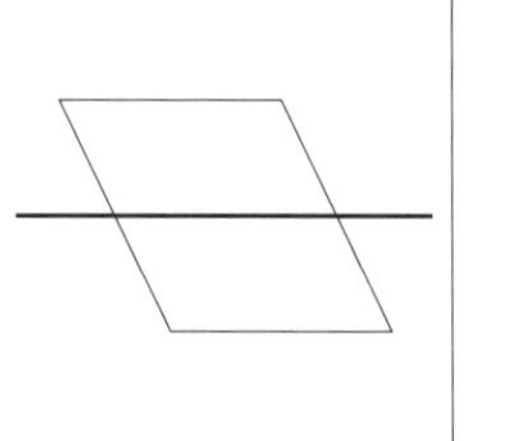

（4）（答え）

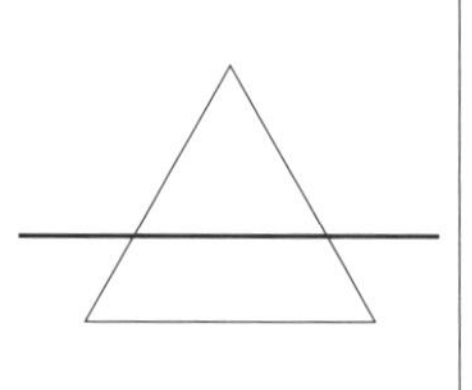

（5）（答え）

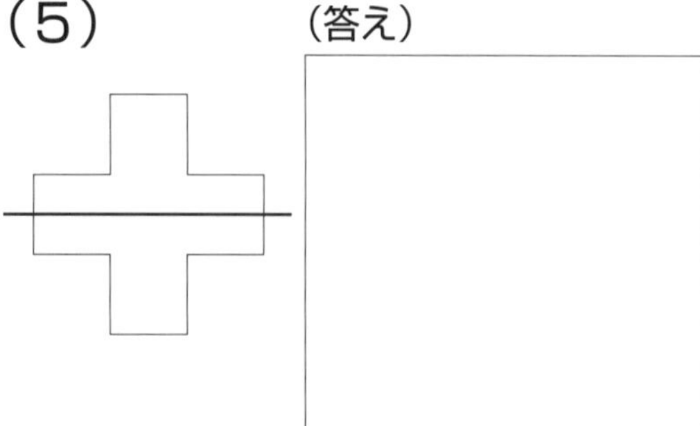

図形イメージのうち，「立体図形」に関する感覚を育成します。平面図形を指定された軸で回転させイメージする練習です。図形の軌跡を正確にとらえながら，全体がどうなるかを考えましょう。解答となる図形以外もイメージできるようにしましょう。

step2　〔　　月　　日〕

55 切断（せつだん）

目標時間は2分
分　秒

Q 下の立方体の見取図の点線をなぞって完成させ，次に黒点(●)を通る平面で立方体を切断したときの切り口の図をかきこみなさい。また，切り口の図形の名前も答えなさい。

(1)

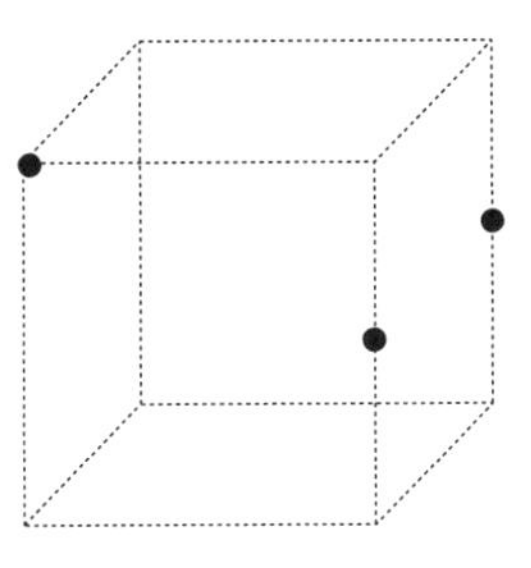

(2)

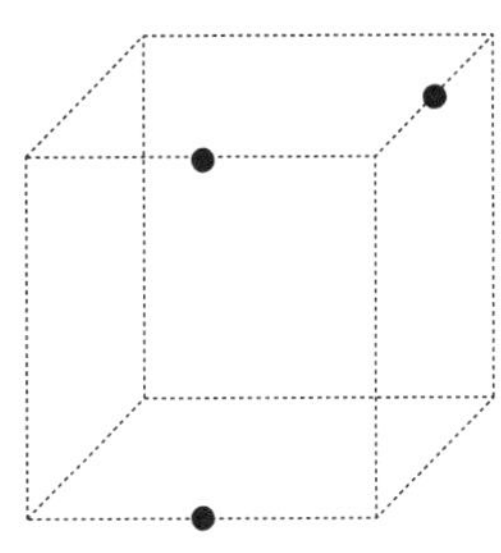

(3)

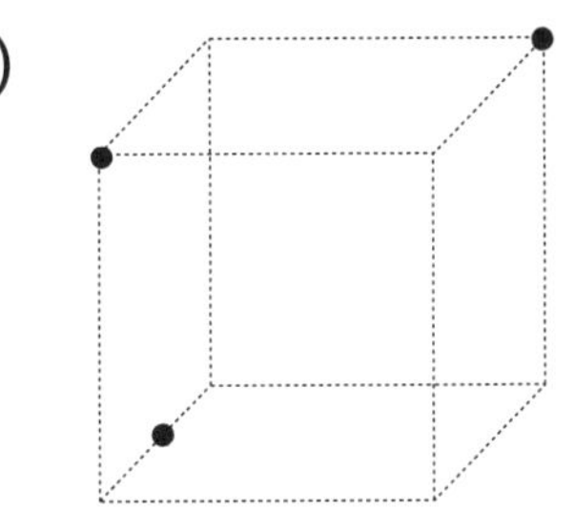

(4)

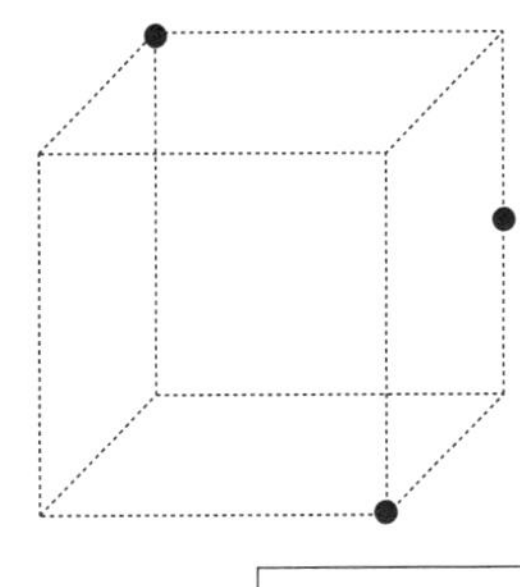

(5)

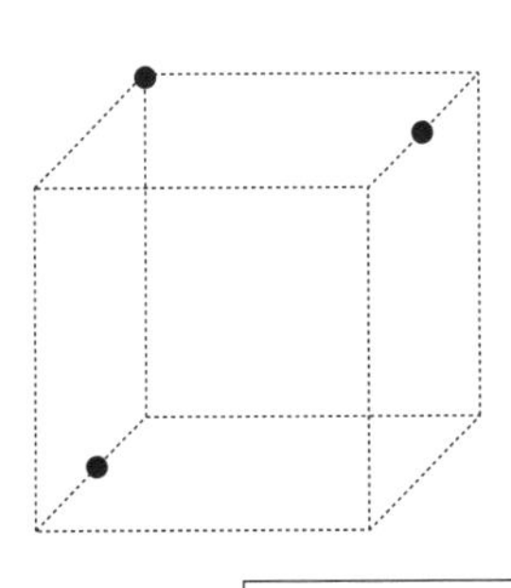

(6)

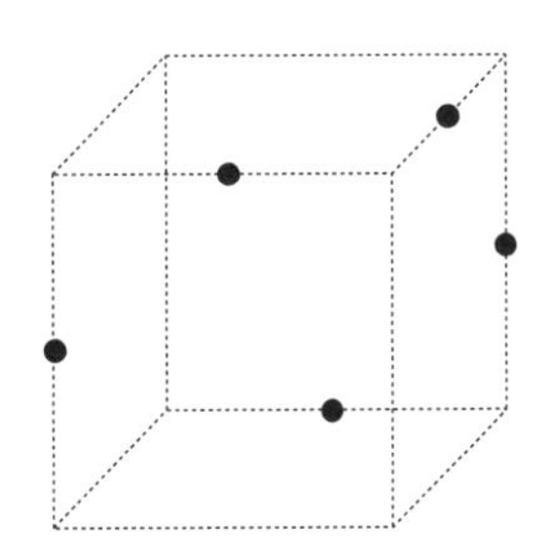

図形イメージのうち，「立体図形」に関する感覚を育成します。「切断」イメージを強化します。
立体を切断しながら，図形の構成を確認する練習です。難しい場合は，切断面を作図しながら考えましょう。

〔　　月　　日〕

56 切断スペシャル

目標時間は２分

分　秒

Q 図のような 125 個の小さな立方体を積み重ねた立方体があります。この立方体を図の３点Ａ，Ｂ，Ｃを通る平面で切ると，何個の小さな立方体を切断することになりますか。

個

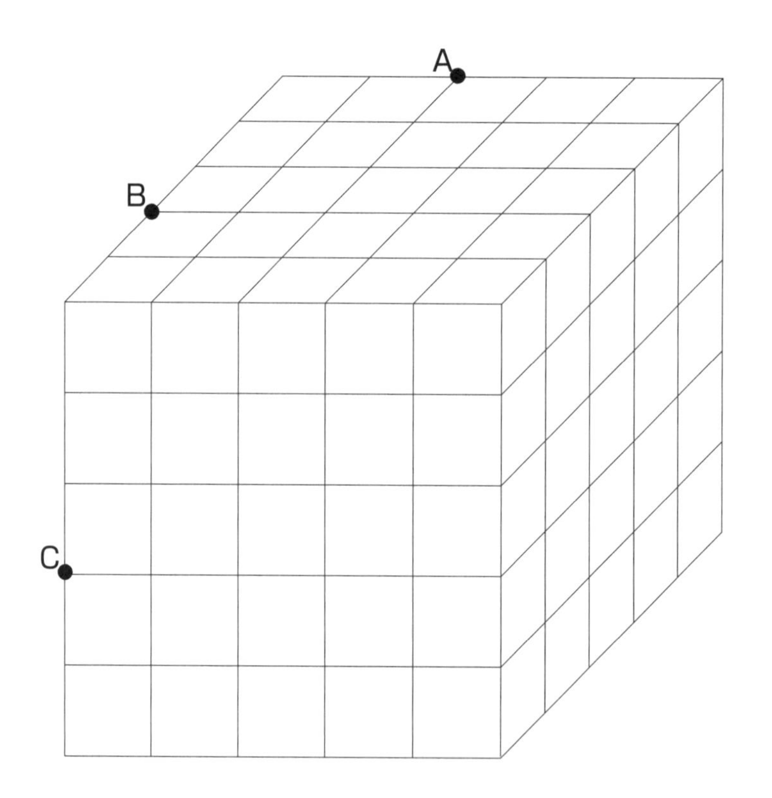

図形イメージのうち，「立体図形」に関する感覚を育成します。「切断」イメージを強化します。立体を切断しながら，図形の構成を確認する練習です。難しい場合は，切断面を作図しながら考えましょう。

〔　　月　　日〕

57 回転点描写（かいてんてんびょうしゃ）スペシャル

目標時間は1分30秒

分　　秒

Q 左(ひだり)の図(ず)を180度(ど)回転(かいてん)させたものと同(おな)じになるように，右(みぎ)の図(ず)に点(てん)を結(むす)びなさい。

(1)

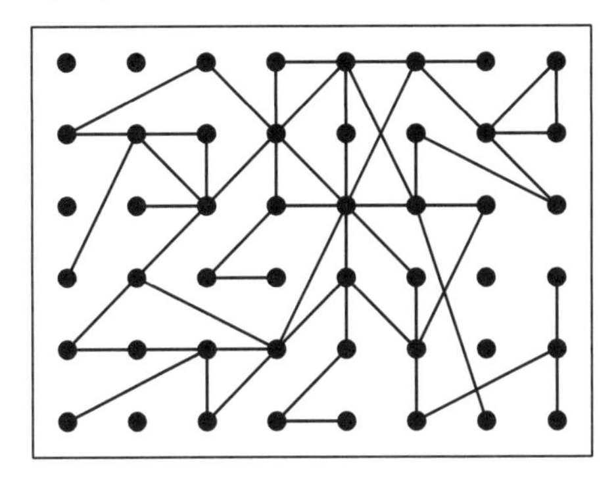

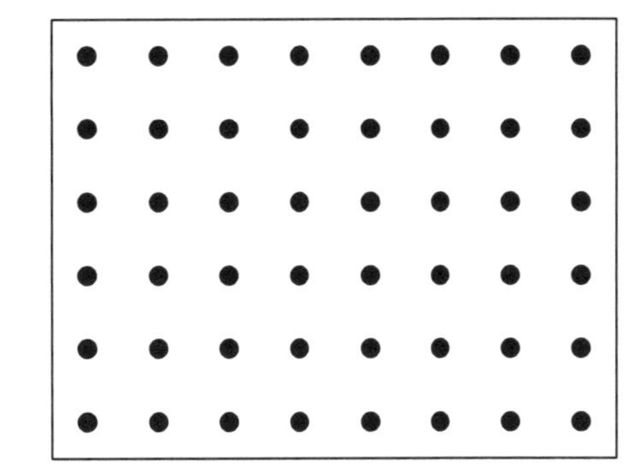

(2)

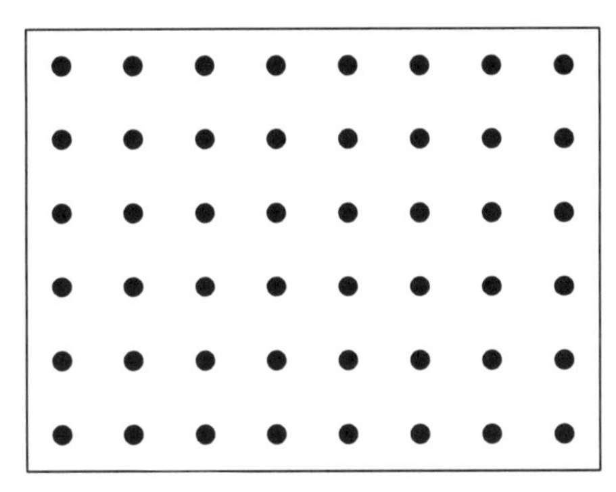

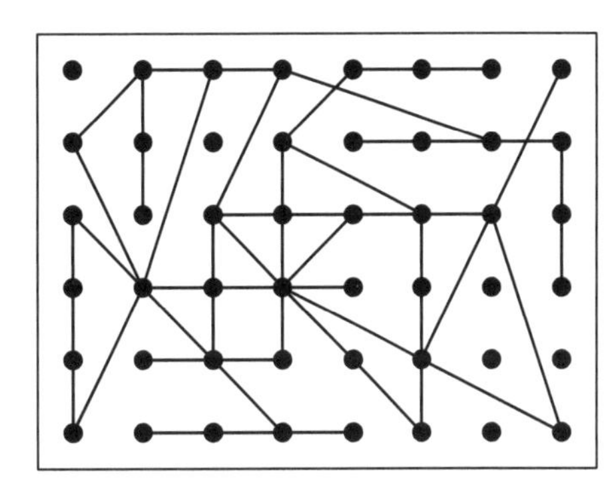

(3)

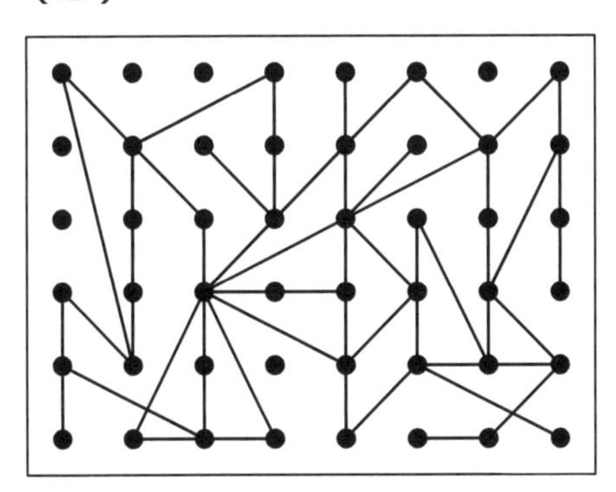

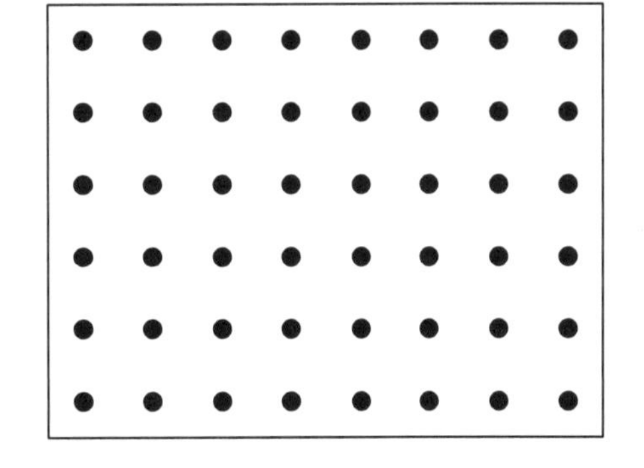

図形イメージを強化する「基盤トレーニング」です。

step 2

〔　月　日〕

58 タ イ ル

目標時間は２分

分　秒

Q 斜線で表された図形の広さは，タイル何枚分ですか。
『三角形の面積の公式』を利用しないで求めましょう。

(1)

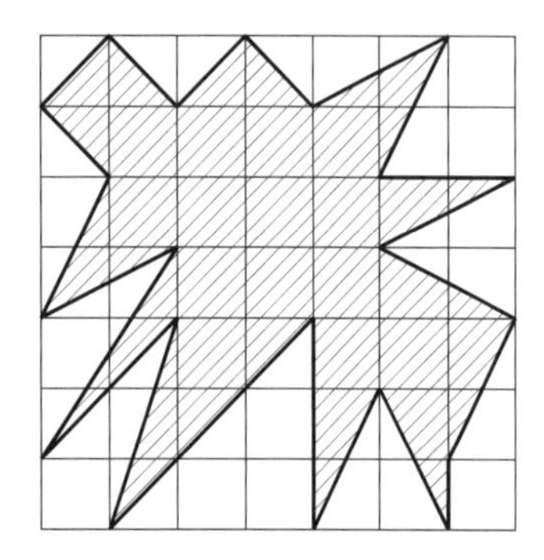

枚分

(2)

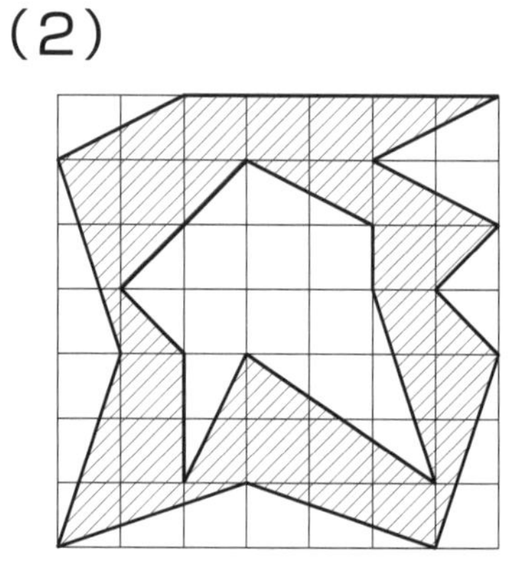

枚分

(3)

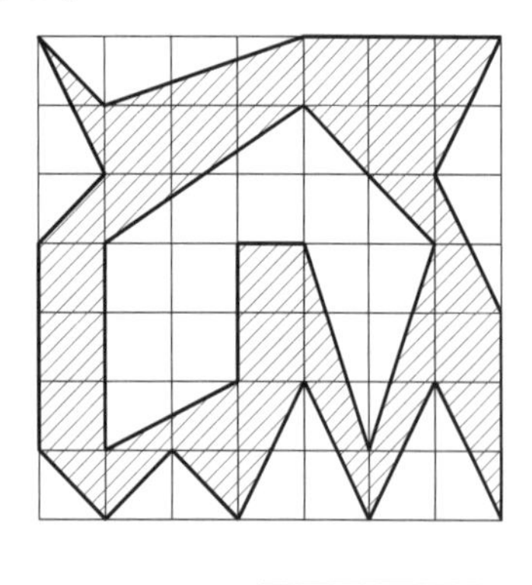

枚分

(4)

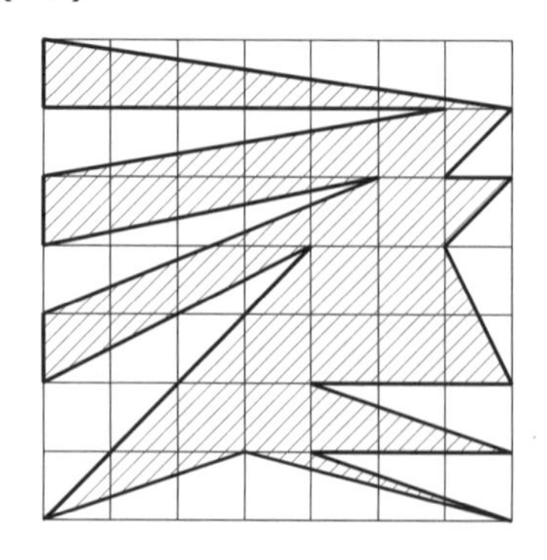

枚分

図形イメージのうち，「平面図形」と「数量」に関する感覚を育成します。三角形が四角形の半分であることを確認しましょう。三角形と四角形の関係に気づくと，より図形の理解が深まり，図形構成がイメージしやすくなります。

step 2　〔　　月　　日〕

59 サイコロころころ

目標時間は2分
分　　秒

Q 向かい合う面の和が7のサイコロを，
図のような位置から道にそって転がしていくと，
斜線の位置ではサイコロの上の面の数はいくつですか。

(1)

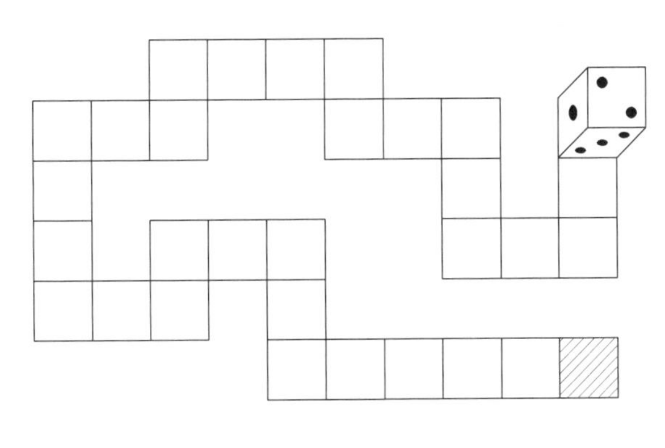

(2)

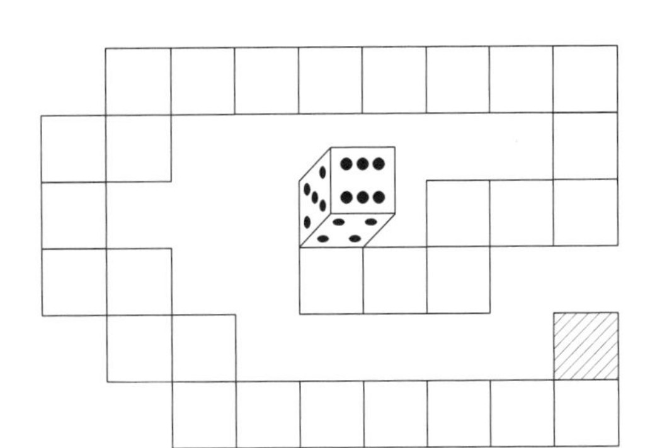

(3)

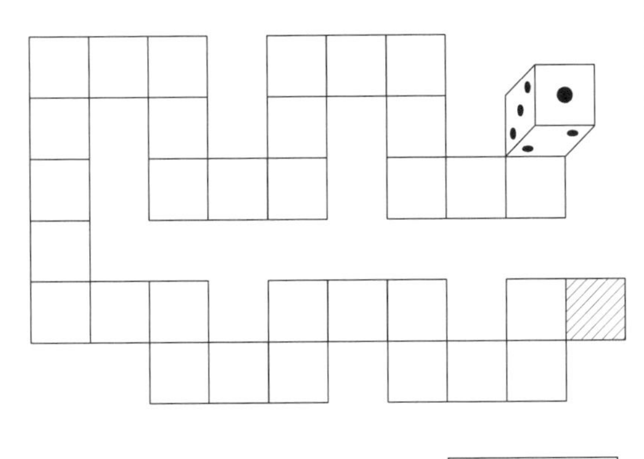

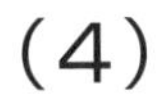

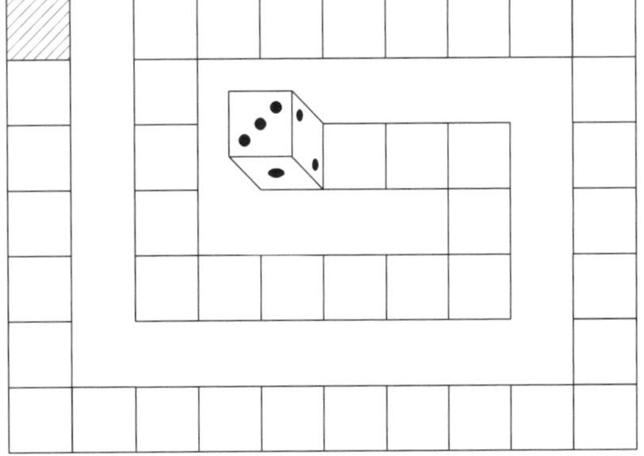

図形イメージのうち，「立体図形」に関する感覚を育成します。この分野は「立体回転」イメージを強化します。立体図形の回転は高度なイメージが必要ですが，回転する様子を分析するための基本になります。難しい場合は実物で研究しましょう。

〔　　月　　日〕

60 穴あけ

目標時間は2分

分　　秒

Q 216個の小さい立方体を積み重ねて，大きい立方体をつくり，この大きい立方体に向かい側までつき抜ける穴を黒丸の位置からあけることにします。
このとき，穴があいた小さい立方体は何個できますか。

個

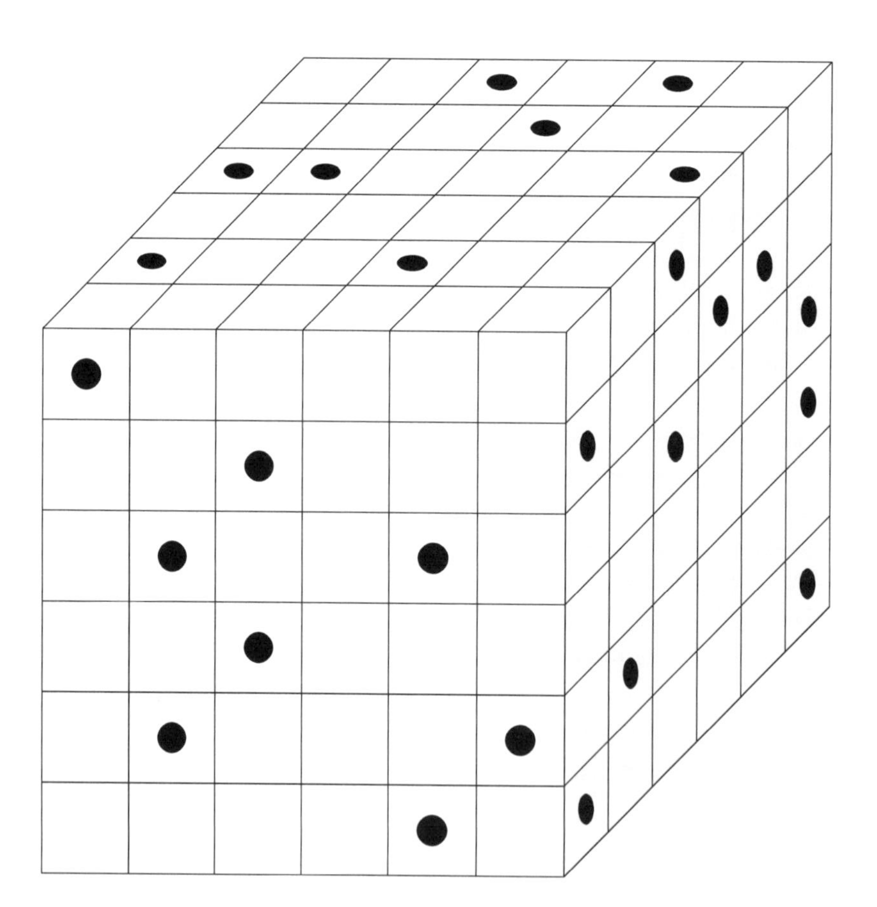

図形イメージのうち，「立体図形」に関する感覚を育成します。この分野は「分解」イメージを強化します。それぞれの積み木を分解し，図形の構成を見極め条件整理をします。じっくりイメージし粘り強く考えましょう。

61 切断

目標時間は2分
分　秒

Q 下の立方体の見取図の点線をなぞって完成させ，次に黒点(●)を通る平面で立方体を切断したときの切り口の図をかきこみなさい。また，切り口の図形の名前も答えなさい。

(1)

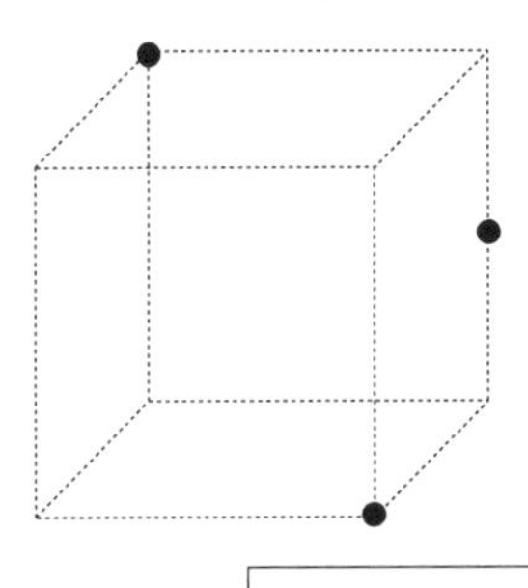

(2)

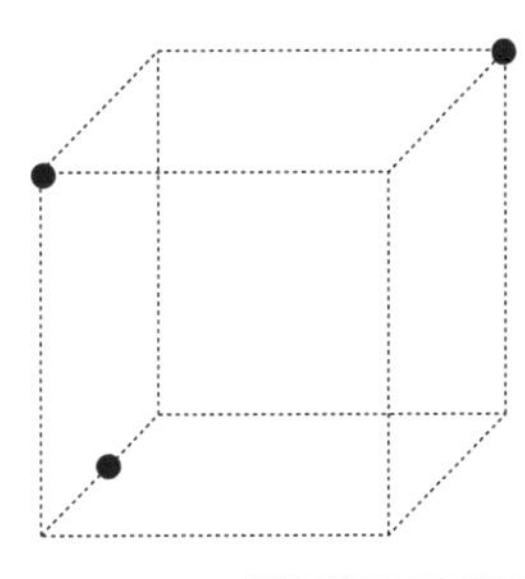

(3)

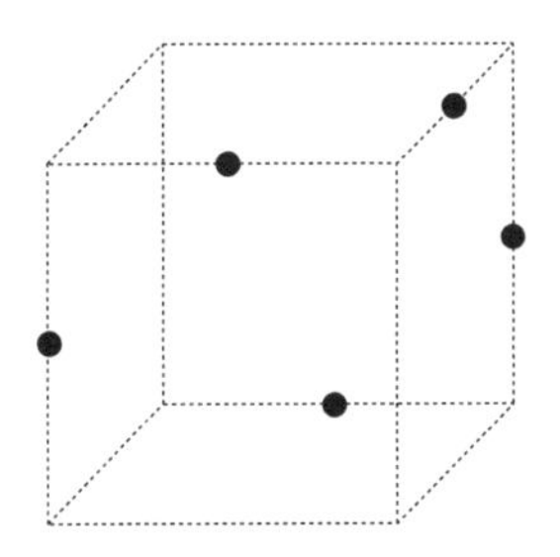

(4)

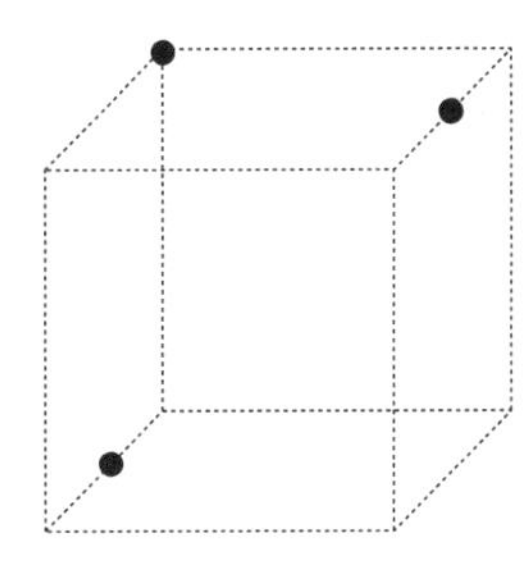

(5)

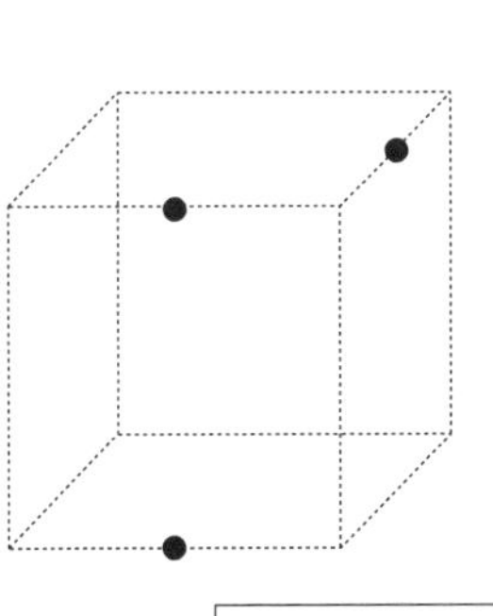

(6)

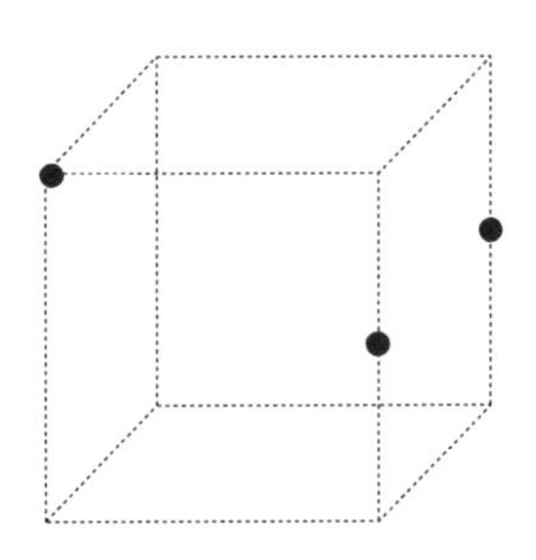

図形イメージのうち，「立体図形」に関する感覚を育成します。「切断」イメージを強化します。
立体を切断しながら，図形の構成を確認する練習です。難しい場合は，切断面を作図しながら考えましょう。

step 2

〔　　月　　日〕

62 切断 スペシャル

目標時間は2分

分　秒

Q 図のような125個の小さな立方体を積み重ねた立方体があります。この立方体を図の3点A，B，Cを通る平面で切ると，何個の小さな立方体を切断することになりますか。

個

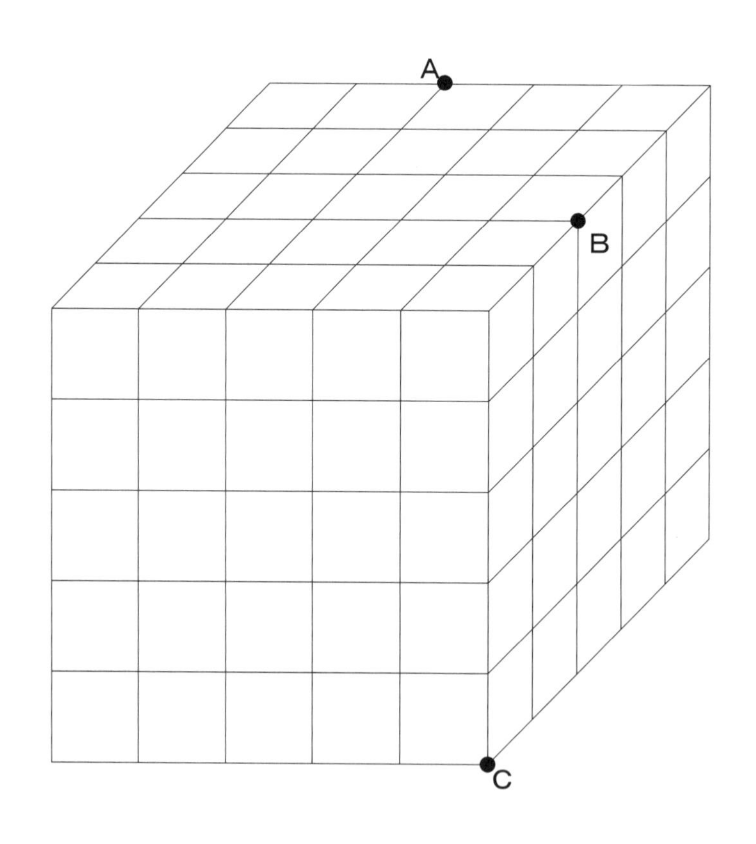

図形イメージのうち，「立体図形」に関する感覚を育成します。「切断」イメージを強化します。
立体を切断しながら，図形の構成を確認する練習です。難しい場合は，切断面を作図しながら考えましょう。

〔　　月　　日〕

空間把握 上級

パズル道場検定

時間は15分

分　秒

1 向かい合う面の和が7のサイコロを，図のような位置から道にそって転がしていくと，斜線の位置ではサイコロの上の面の数はいくつですか。

(1)　(2)

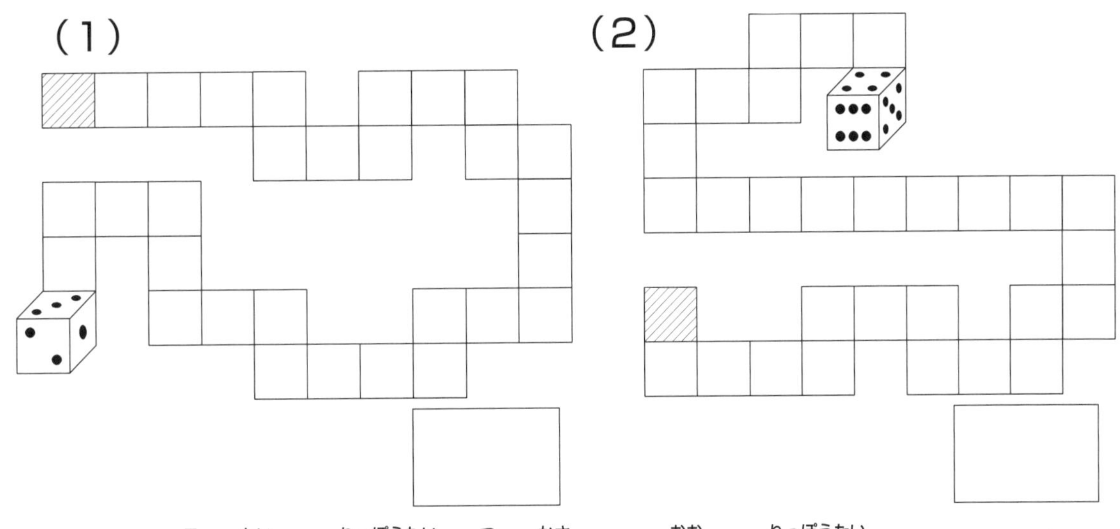

2 216個の小さい立方体を積み重ねて，大きい立方体をつくり，この大きい立方体に向かい側までつき抜ける穴を黒丸の位置からあけることにします。このとき，穴があいた小さい立方体は何個できますか。

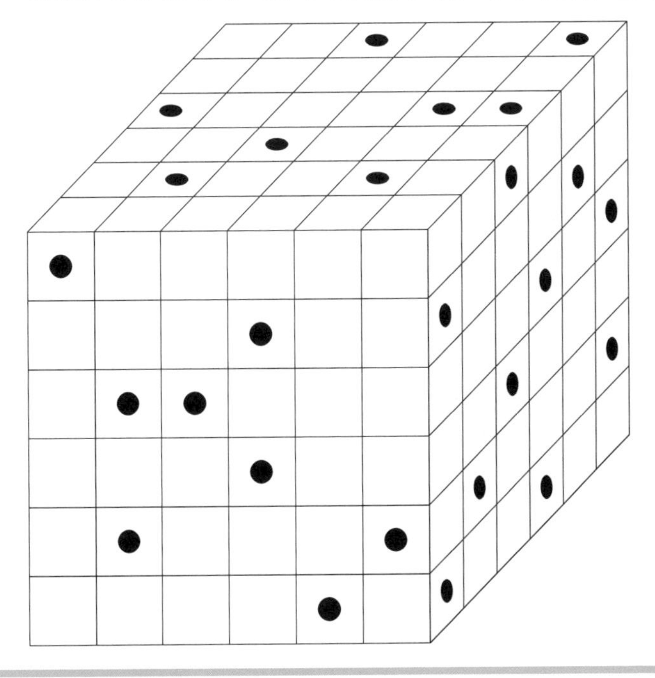

個

3 図(ず)のような 125 個(こ)の小(ち い)さな立方体(りっぽうたい)を積(つ)み重(かさ)ねた立方体があります。この立方体を図の３点(てん)A，B，Cを通(とお)る平面(へいめん)で切(き)ると，何個(なんこ)の小さな立方体を切断(せつだん)することになりますか。

□個

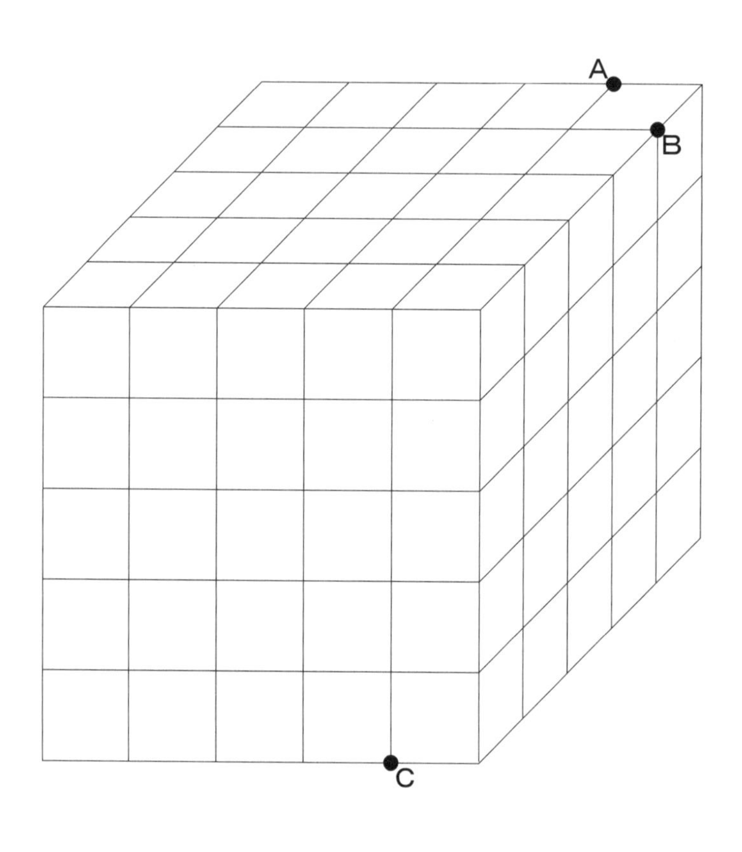

天才脳ドリル 空間把握 上級

1 (1)りゃく　(2)りゃく　(3)りゃく

2 4

3 2

4 (1)

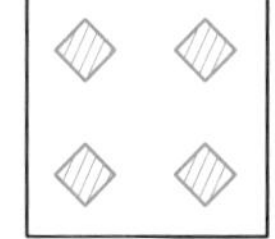

(2)

(3)

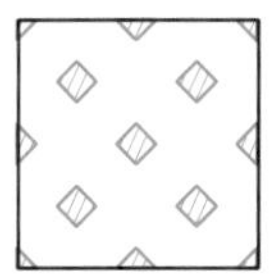

(4)

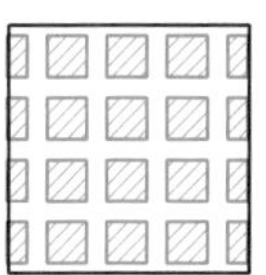

5 （1）

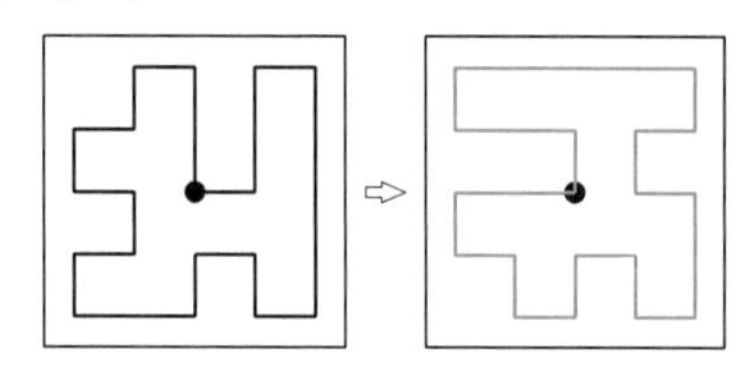

（2）

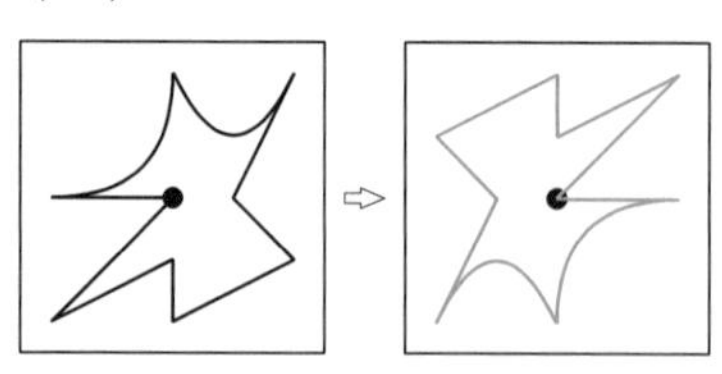

（3）

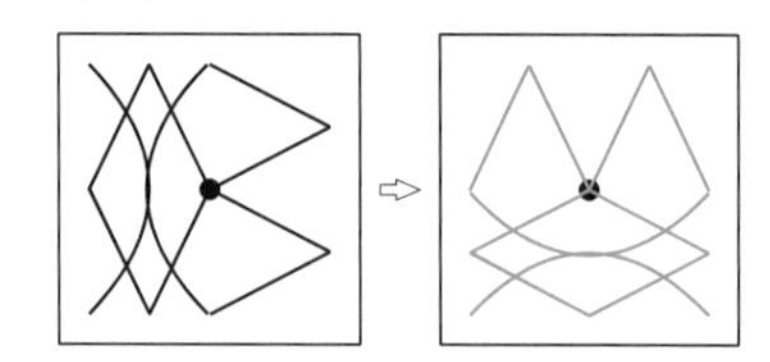

（4）

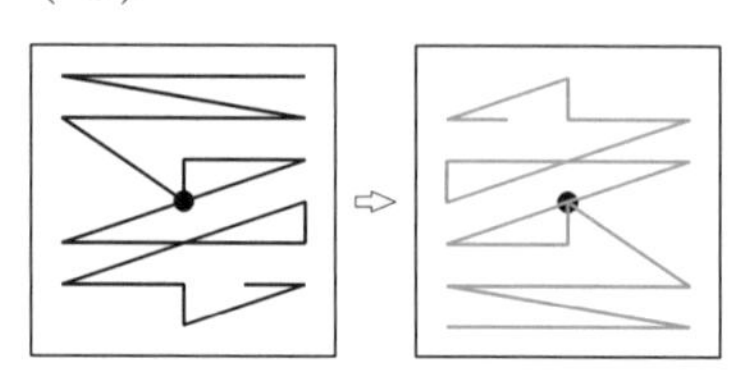

6 （1）19.5 枚分　（2）22 枚分　（3）19 枚分　（4）22 枚分

7 （1）14 個　（2）12 個

8 （1）56 個　（2）64 個　（3）73 個

9 （1）イ　（2）エ

10 ア，ウ，オ，ク，ケ

11 （1）6　（2）4　（3）4　（4）5

12 75 個

13 （1）

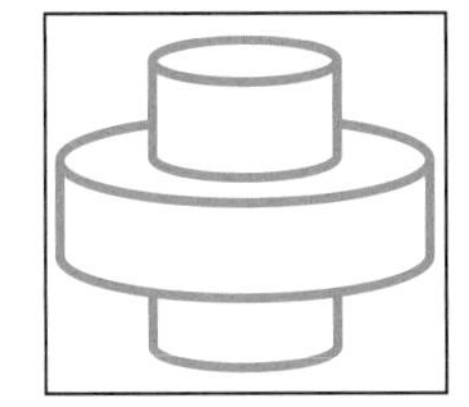

（2）

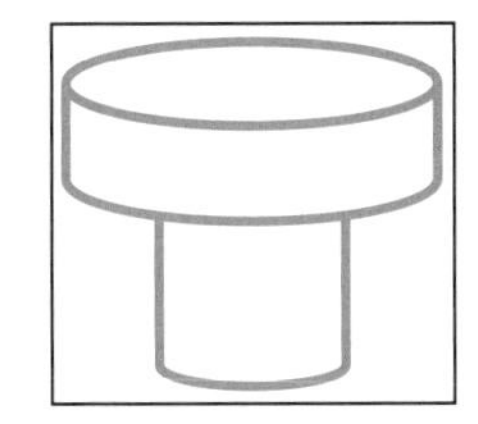

（3）

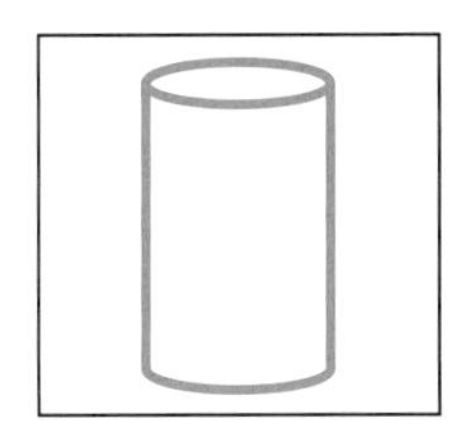

（4）

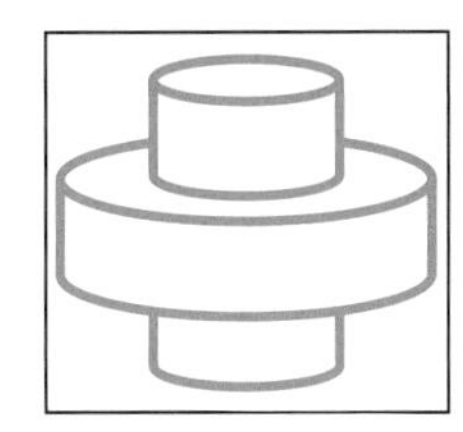

（5）

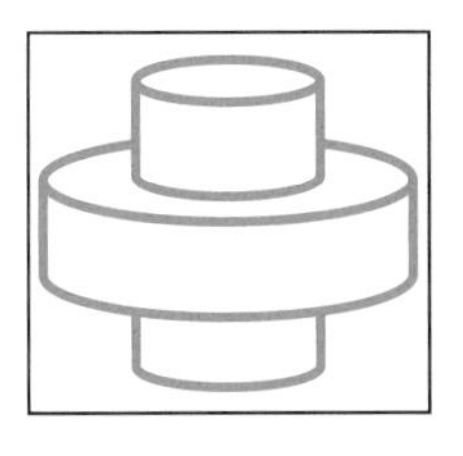

14 16個

15 りゃく

16 5

17 1

18 (1)

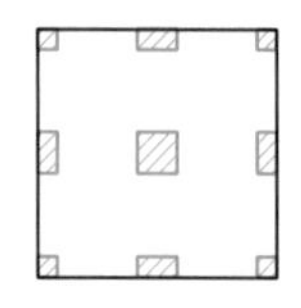

(2)

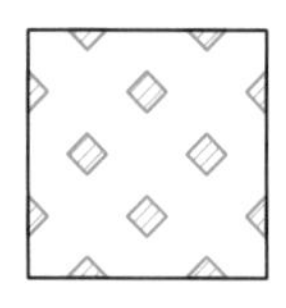

(3)

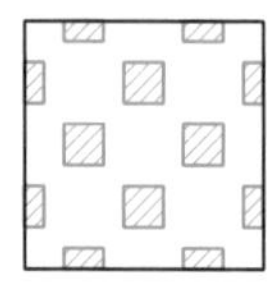

(4)

19 (1)

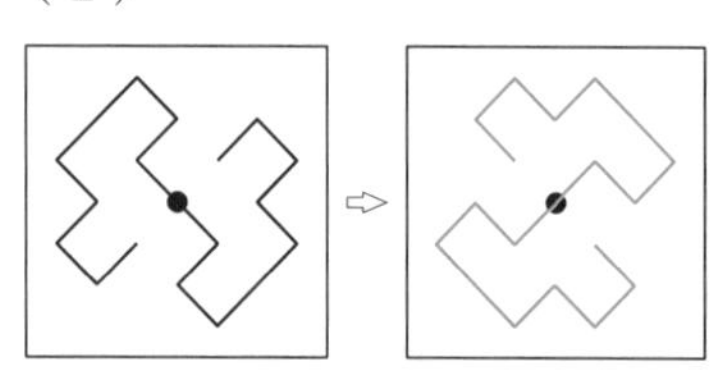

(2)

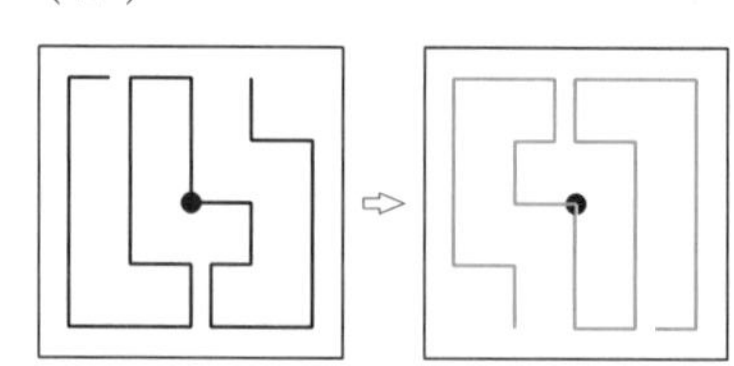

(3)

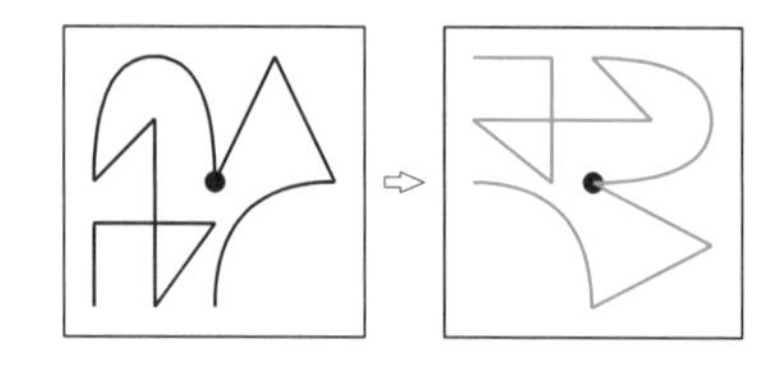

(4)

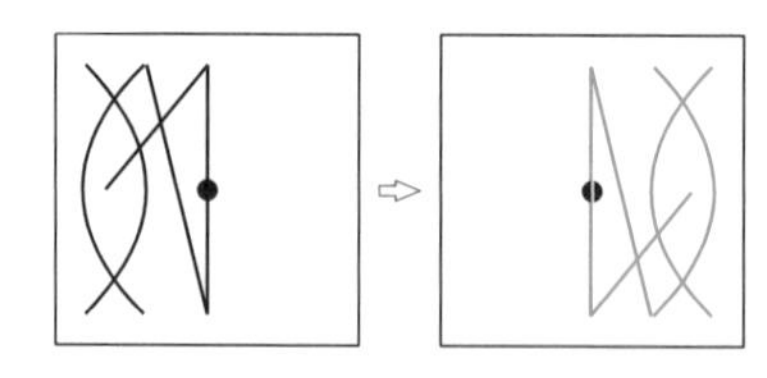

20 (1)18.5 枚分　(2)20.5 枚分　(3)22 枚分　(4)17 枚分

21 (1)11 個　(2)10 個

22 (1)55個　(2)59個　(3)72個

23 (1)ウ　(2)エ

24 イ，エ，オ，ケ

25 (1)5　(2)6　(3)6　(4)3

26 78個

27 (1)　(2)

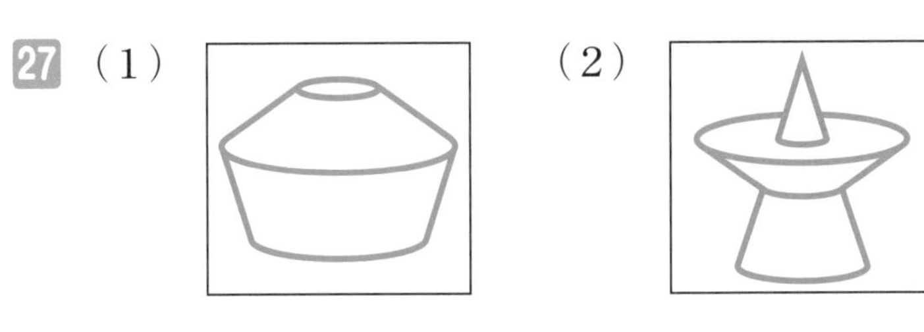

(3)　(4)

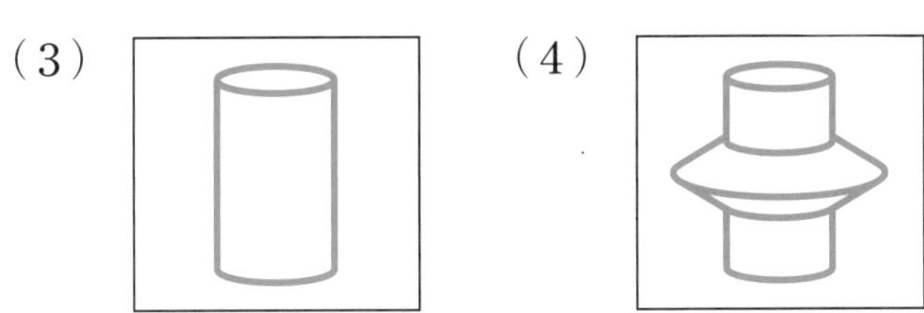

(5)

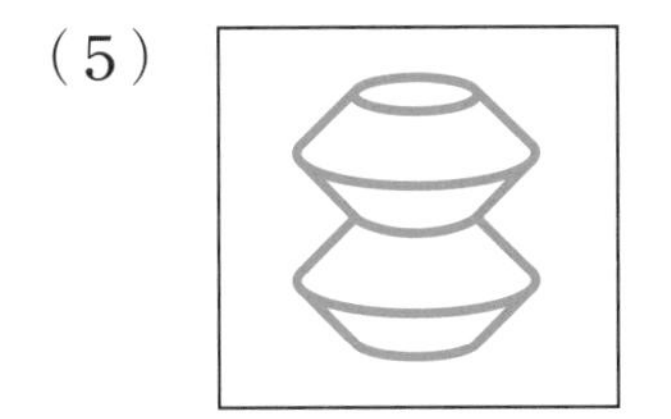

28 25個

29 4

30 (1)

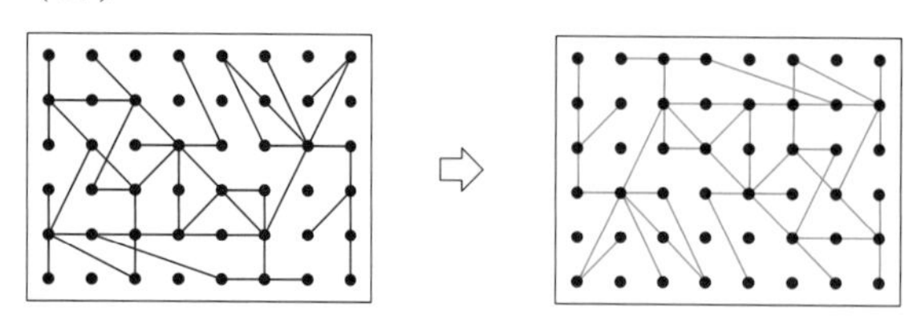

(2)

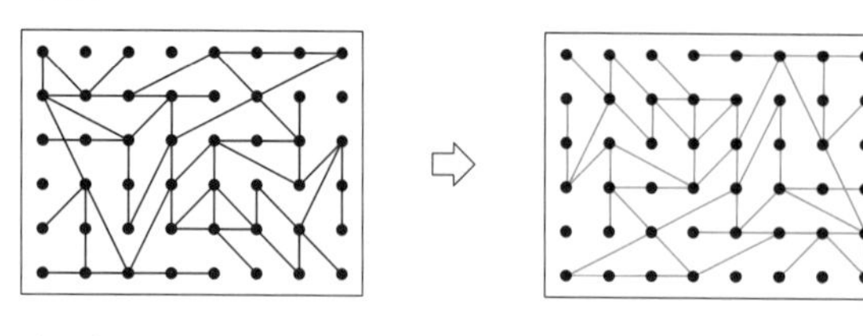

(3)

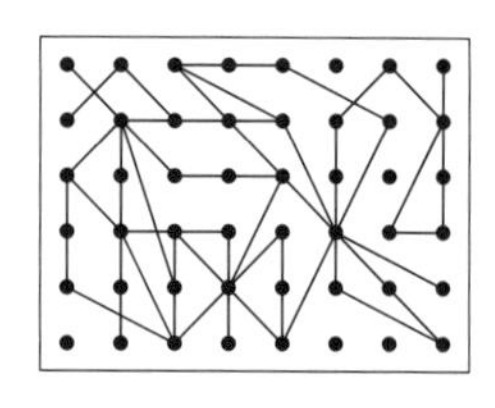

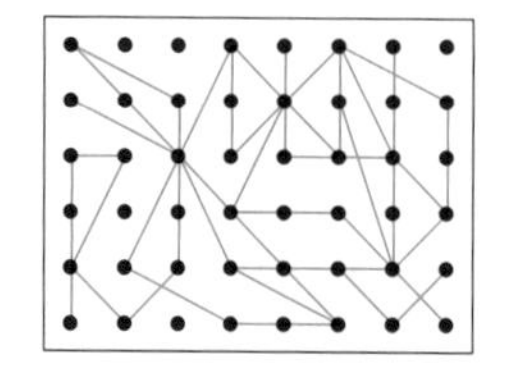

31 (1)　　(2)　　(3)

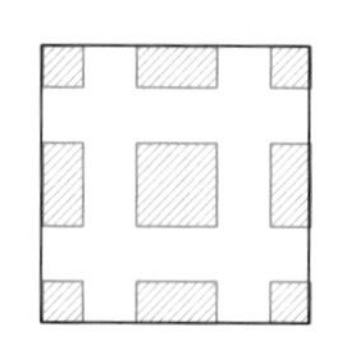

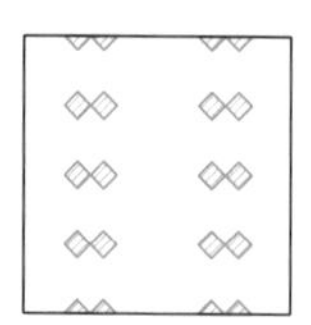

32 (1)

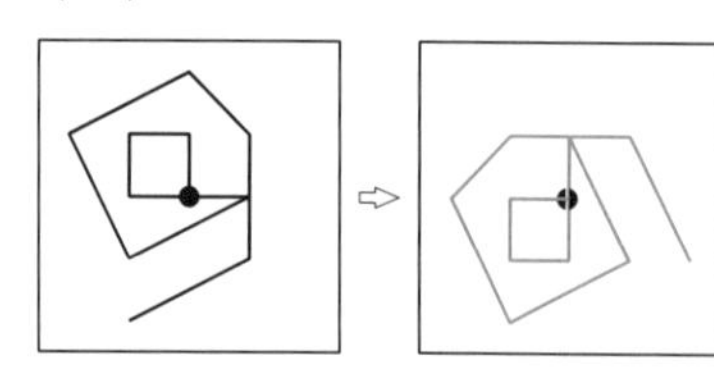

(2)

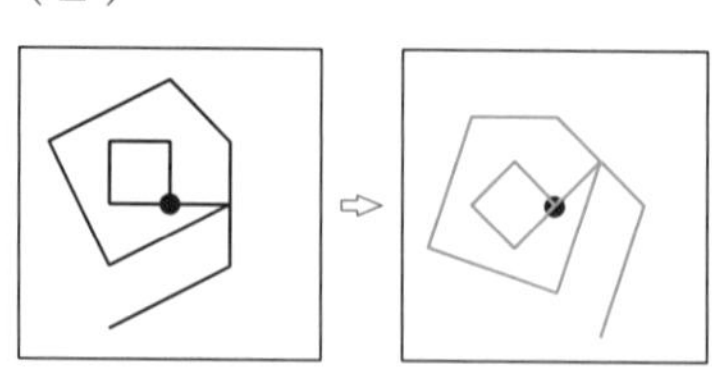

(3)

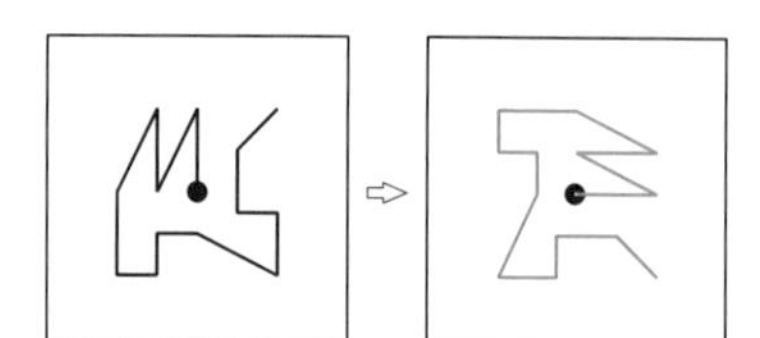

(4)

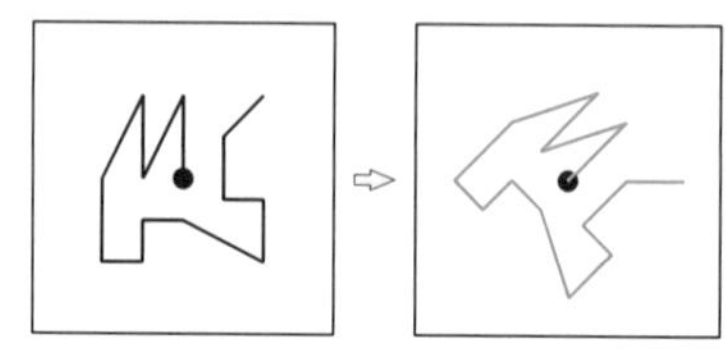

33 （1）26.5 枚分　（2）26 枚分　（3）28.5 枚分　（4）25.5 枚分

34 （1）31 個　（2）21 個

35 （1）18 個　（2）24 個　（3）28 個

36 （1）ウ　（2）エ

37 （1）H　（2）E　（3）B

（1）　（2）　（3）

38 （1）2　（2）1　（3）3　（4）1

39 116 個

40

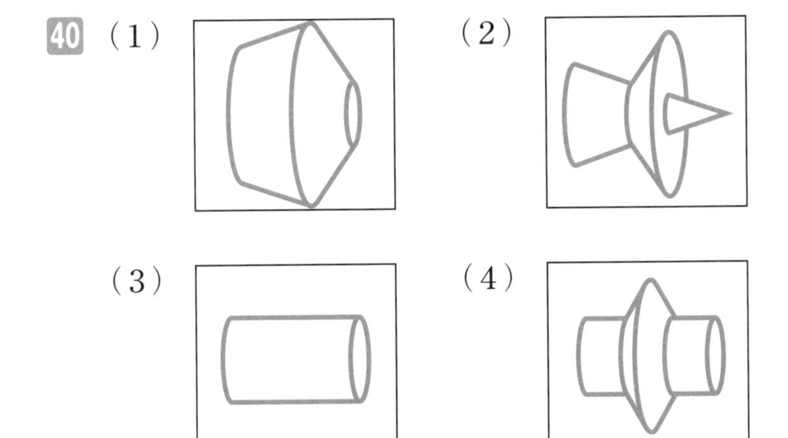

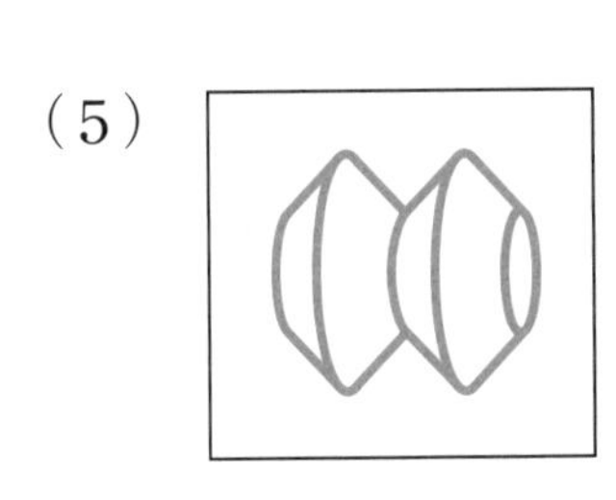

41

(1)

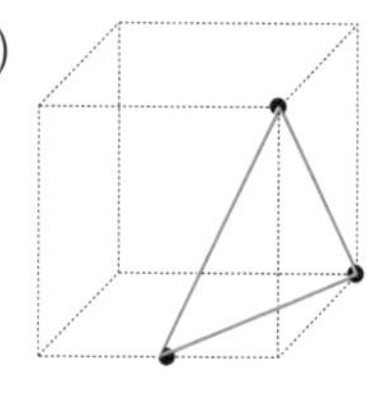

二等辺三角形

(2)

長方形

(3)

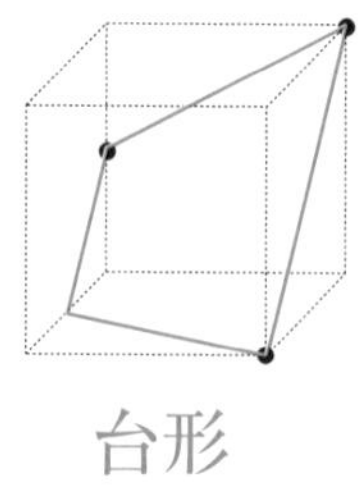

台形

(4)

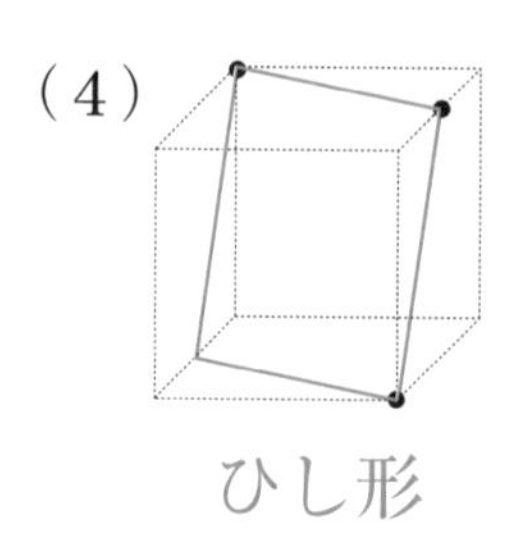

ひし形

(5)

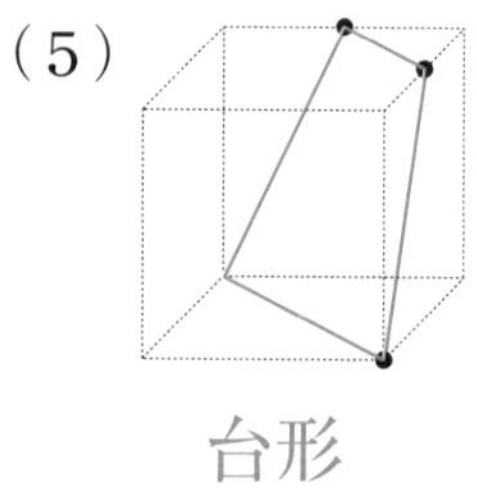

台形

(6)

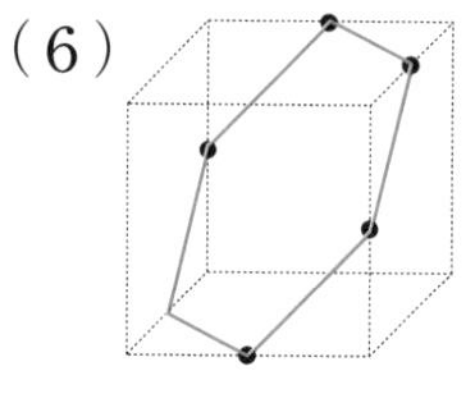

正六角形

42 42個

43 2

44 (1)

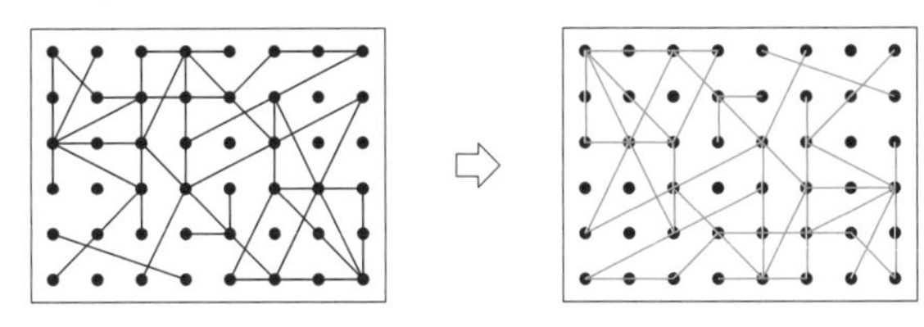

(2)

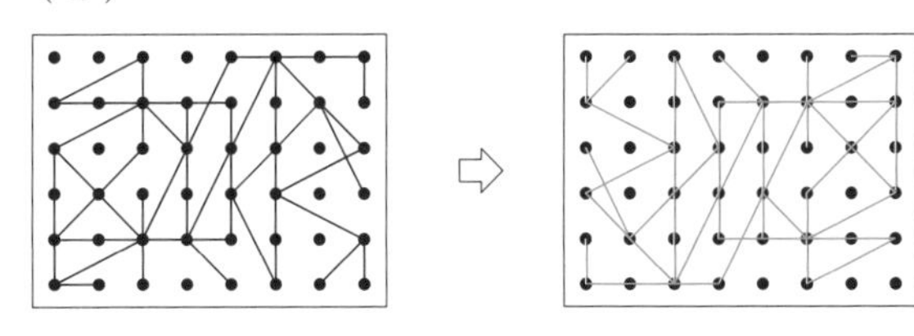

(3)

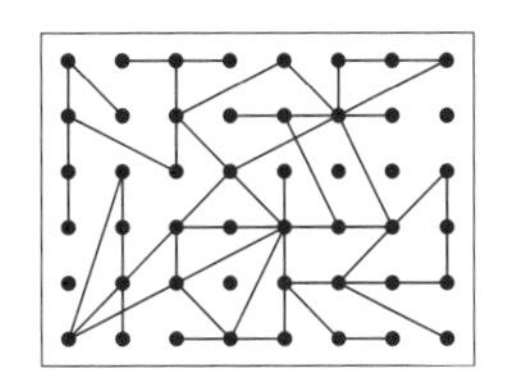

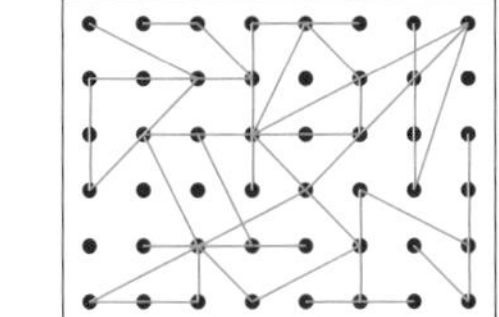

45 (1)　(2)　(3)

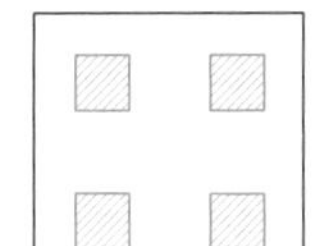

46 (1)

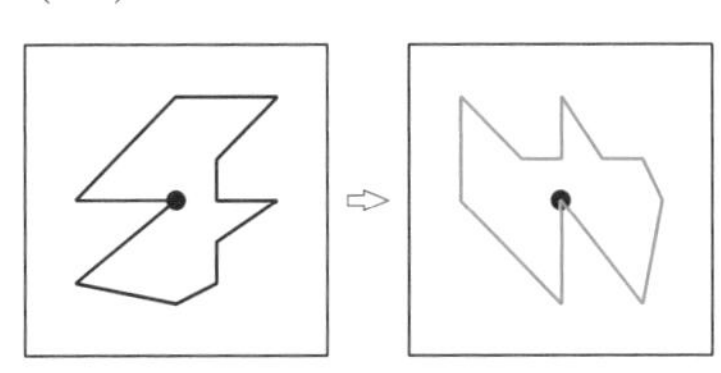

(2)

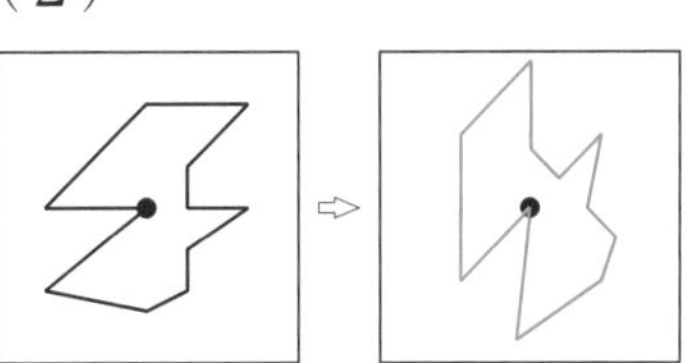

(3)

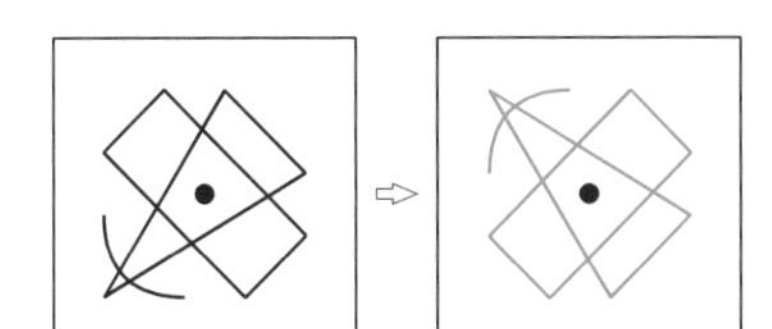

(4)

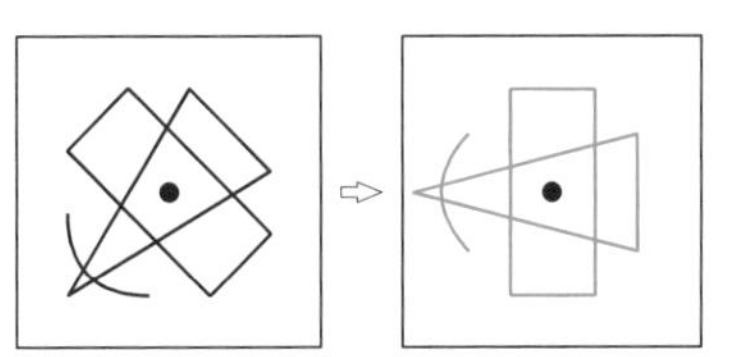

47 (1)27 枚分　(2)25.5 枚分　(3)19 枚分　(4)26 枚分

48 (1)31 個　(2)22 個

49 (1) 1 個　(2) 2 個　(3) 1 個

50 (1)エ　(2)イ

51 (1)H　(2)E　(3)G

(1)

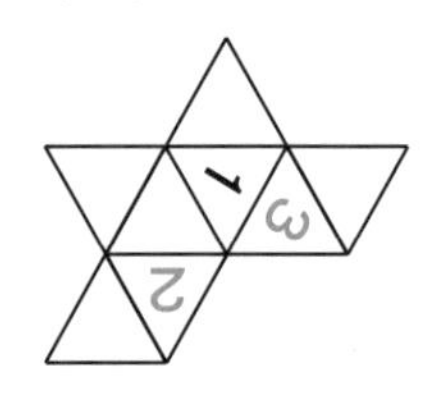

(2)

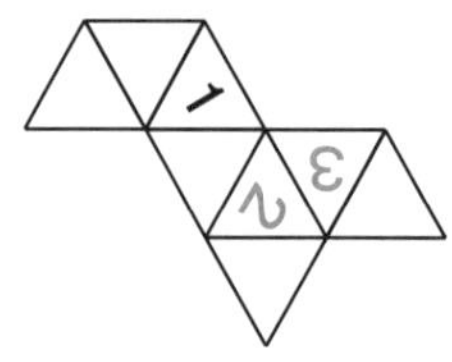

(3)

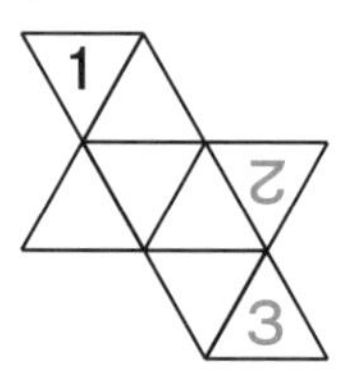

52 (1) 3　(2) 6　(3) 3　(4) 4

53 121 個

54 (1)

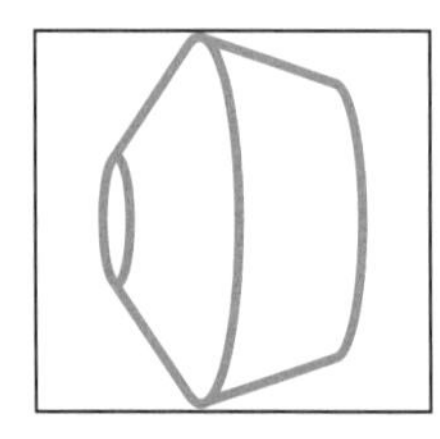

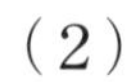

(3)

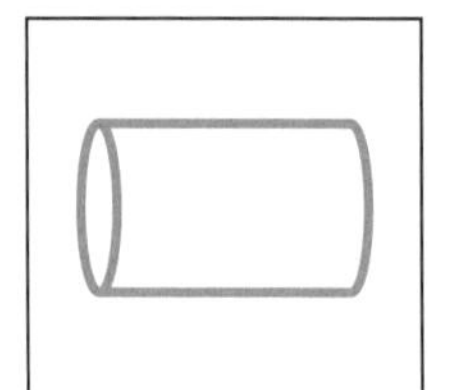

(4)

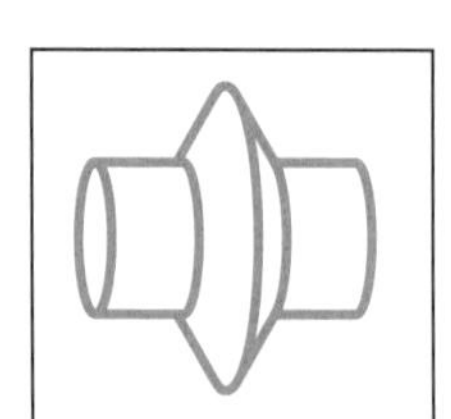

(5)

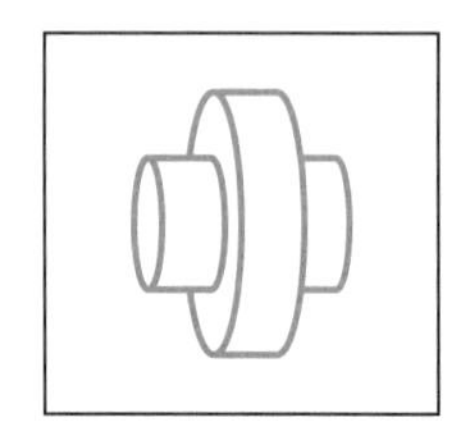

55

(1)

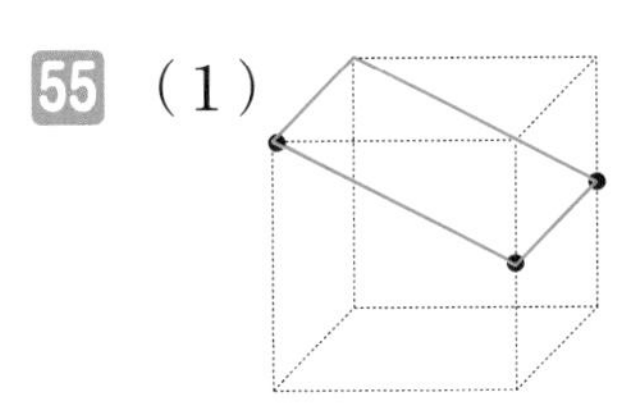

長方形

(2)

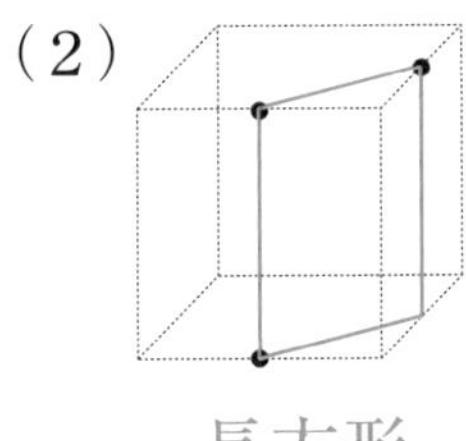

長方形

(3)

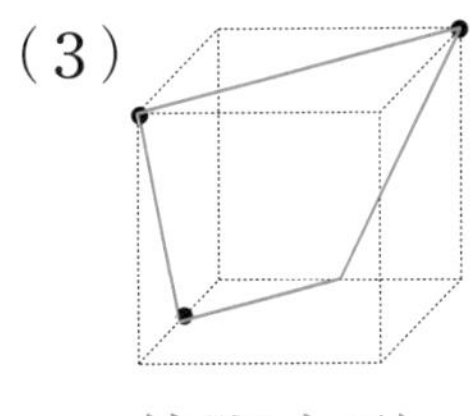

等脚台形

(4)

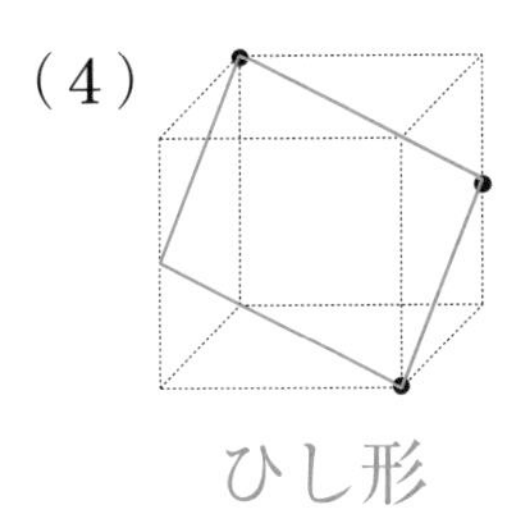

ひし形

(5)

ひし形

(6)

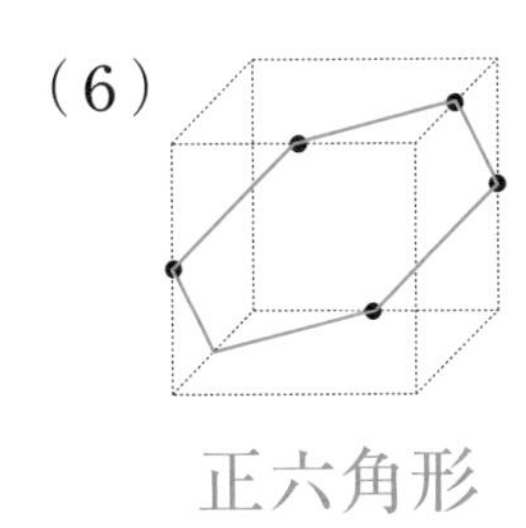

正六角形

56 44 個

57 （1）

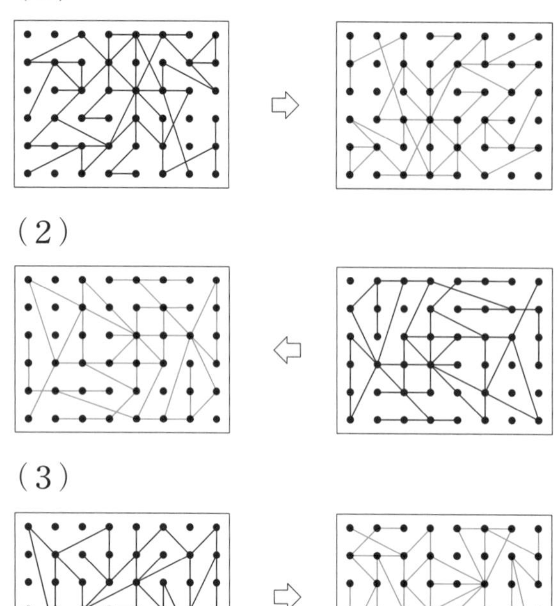

58 （1）26.5 枚分　（2）25.5 枚分　（3）25 枚分　（4）27.5 枚分

59 （1）3　（2）6　（3）3　（4）4

60 125 個

61

(1)

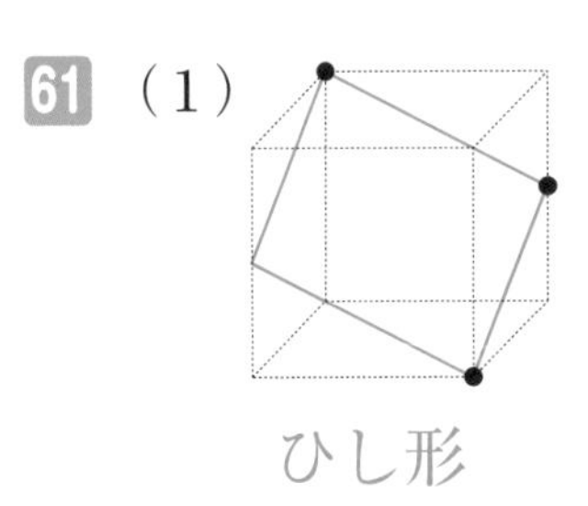

ひし形

(2)

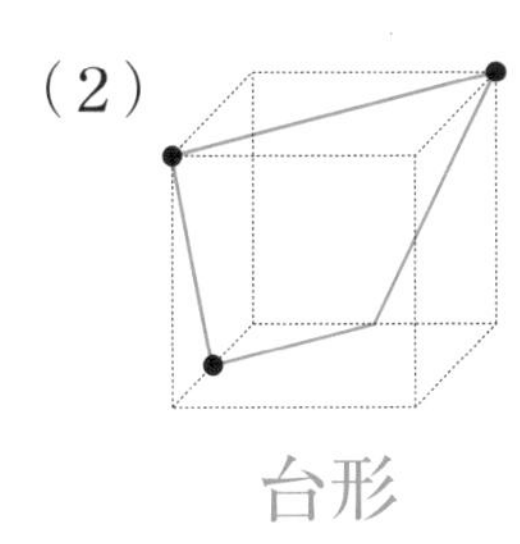

台形

(3)

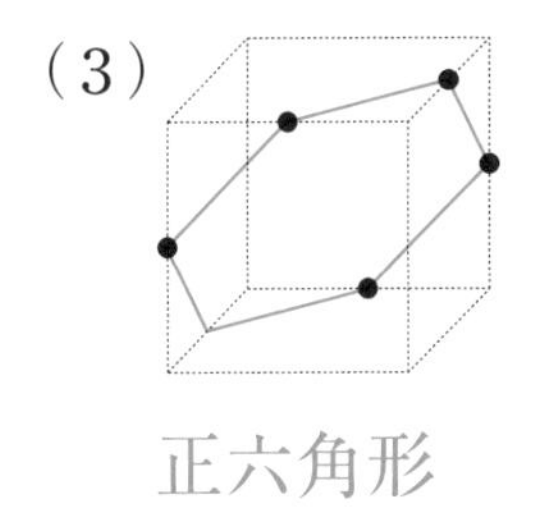

正六角形

(4)

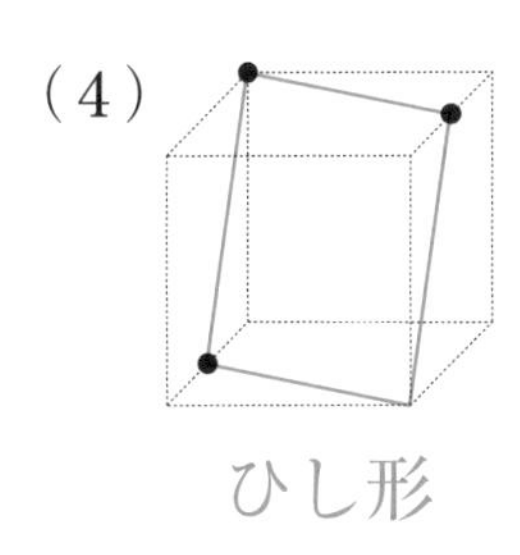

ひし形

(5)

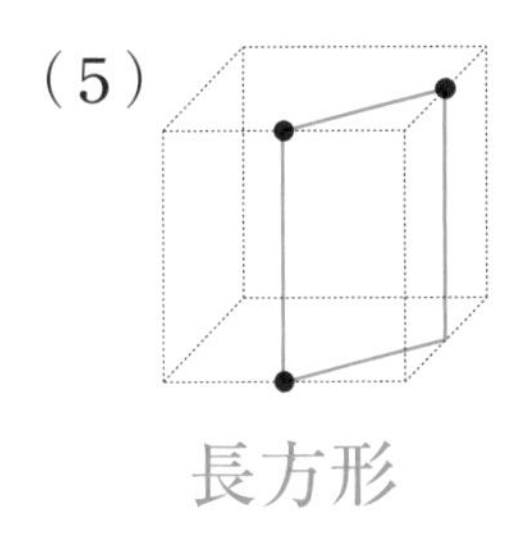

長方形

(6)

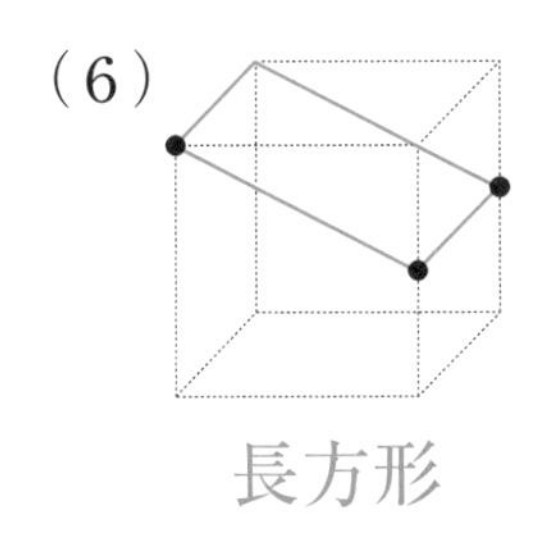

長方形

62 44 個

パズル道場検定

1 （1）2　（2）2

2 123 個

3 33 個

「パズル道場検定」が時間内でできたときは，次ページの天才脳ドリル空間把握上級「認定証」を授与します。おめでとうございます。

認定証

空間把握　上級

殿

あなたはパズル道場検定において、空間把握コースの上級に合格しました。ここにその努力をたたえ認定証を授与します。

年　　月

パズル道場

山下善徳・橋本龍吾